阅

阅读成就思想……

Read to Achieve

U1015623

「アドラー心理学」
ニャンと簡単に身につく！心が休まる

治愈系心理学系列

让心灵小憩的
阿德勒心理学

喵得乐

向猫主子讨教生活哲理

【日】宿南章 著
唐一鸣 译

中国人民大学出版社
· 北京 ·

把阿德勒心理学的本质狠狠打碎，再轻柔地去捕捉重点。

如果我们能像猫咪那样看待问题，不管是人际交往、性格和烦恼，还是工作、恋爱、结婚以及未来，我们都会比现在更顺利，更幸福。

一直以来辛苦的你，

稍稍放松一下肩膀，翻开这本书看一看吧。

让我们一起去领略一下“猫样生活”！

前言

幸福生活，向猫咪学习

近些年，猫咪的人气惊人地高涨。我发现了很多爱猫的人，他们养猫的理由不仅仅是“喜欢猫”“在城市里养猫比养狗更容易”，等等，还有些更深层次的理由，总结起来有以下几点。

- “看着猫咪慵懒地躺在那里，心就被治愈了。”
- “隐隐地希望自己能像猫咪那样生活。”
- “养猫的过程常常会让人觉得很幸福。”

…………

平时总是悠闲地我行我素，虽然一个人……啊不，一只猫也能玩得很开心，但是它不知不觉间就跑到了主人身边，让你意外地发现，原来猫咪也怕寂寞，也是撒娇能手啊。看着这样的小可爱，我们不禁心生羡慕：“好想这样活着啊。”

猫样生活，人类无不心向往之。

或者说，生活在城市里的人们总是要受组织的束缚，还要照顾周围人的情绪和感受；而生活在乡村的人们也要受制于陈旧的传统和习俗。在这种不自由的束缚中，“猫主子”把我们的心带回了无拘无束的大自然。

本书将同时讲述猫与人的故事，这对我来说也是新的挑战。我会先呈现猫咪的萌照让大家放松一下，接着在深层剖析猫的过程中也深度反思我们人类自身。希望各位读者在阅读本书之后，能够卸下肩上的重负，成为自己想要成为的人。

学习猫的生活方式意味着本书并非要“挖掘”我们自身，而是要“挖掘”猫咪们的生活。我们尽量不使用心理学中那些晦涩难懂的词汇和观点，而是纯粹地通过“吸猫”——从猫咪身上获得力量，来促进自身成长。所以，可以说这是一本很“贪心”的书。

我希望，那些一直以来为了工作、家庭和人际关系而辛苦努力的人，能够掌握一些让自己轻松下来的生活方式，活得自在一些，所以我动笔写了这本书，希望你们能够陪我读到书的结尾。

在开始阅读之前，让我先来简单介绍一下我自己吧。

如果要说职业名的话，那我是一名兽医，但是我跟大家平时接触到的兽医又略有不同。我的专业是营养学，主要救治那些患有疑难杂症（大多为癌症或者肾脏疾病）的猫跟狗，对它们进行食物疗法与营养疗法。此外，我还一直在研制能让它们安心食用的宠物食品。

从另一方面来说，我又是一个非常“资深”的阿德勒心理学爱好者。早在阿德勒心理学流行于日本之前，我就开始学习阿德勒心理学并获得了证书。我将阿德勒心理学与营养学相结合，为日本顶级运动员们研制营养配餐。在参加奥运会的运动员中，有很多人吃的膳食在我们看来都是“偏食”，这是为了最大限度地发挥他们的能力。

这些运动员和在自然界中坚强生活的动物有一个共同点，在阿德勒心理学中，这被称为“人类为了更好地生活的思维方式”。我发现这一理论和我平时一直研究的“猫的生活方式”有着数不清的共同点。对于在成王败寇的世界里求生的运动员们来说，受伤或陷入低谷是常有的事，而且很多人都很敏

感。我在给他们提建议时，就会参考阿德勒心理学与猫的生活方式。

本书所介绍的“阿德勒心理学与猫的生活方式”这一组合，并不局限于某个领域，对于任何领域想要取得突破的人来说，都会有一定的帮助。

我们的人生并不是那么轻松，每天都很艰难（至少我们经常会说“我太难了”）。猫的生存之道和近年来以阿德勒为首的卓越的心理咨询观点，都倡导在困苦之际也要保证自己的健全。

我们可能很难突然改变思维方式和自己的人生，但是，如果借助阿德勒心理学和猫咪的力量，我想，我们可以不费力地活得更轻松。

作为一名兽医，我饲养了 2000 多只动物，其中有 20 多只猫。在与众多小可爱的接触中，我了解到了猫咪的本质和它们的“心里话”，及其与其他动物的不同。在本书中，我将把这些毫无保留地介绍给大家。这些信息，如果只是单纯地“喜欢猫”是看不出来的。

关于猫和其他生物的不同（独特性），以及猫的优点（优势性），我也会进行一些介绍。读了这些部分，或许会让你和猫咪相处得更加愉快，彼此之间的相互理解也会加深。另外，想要了解猫的知识的人，请参考第170页的索引。

那么我们还等什么，马上开始猫样人生的学习之旅吧，让我们“不再继续辛劳的人生”“过上轻松一些的生活”，并“取得突破性的成果”吧。

祝愿我的朋友你和所有爱猫者的猫儿们都能更幸福。

“喵得乐老师”的问候

大家好。

我是阿德勒心理学的专家、本书的导读员喵得乐。

如果你正焦躁不安或独自忍受着烦恼，那我将带领你通过学习猫咪们的生活方式，过上轻松自在的生活。轻松又自在，是我喵得乐最推荐的生活方式。

在人类成为地球的王者之前，猫科动物曾是地球上最强的物种。我想，从长年占据地表最强生态位的猫科动物身上，新晋王者应该有很多可以学习的地方。

让我来详细介绍一下这本书。心理学家阿尔弗雷德·阿德勒与现代心理学、现代心理咨询的观点，与猫儿们的生活方式非常相似。希望你在读完这本书后，抛开能力和金钱不谈，在心态方面一定要比现在更从容，更富足，具备王者风范。

人类如今确实是地球上最强大、最繁荣的物种。那么，比起现在，如果每个人都能过上更轻松的生活，应该会更美好吧（每个人可都是地表最强生物呢）。

那就让我们一起向着猫样人生的取经之路出发吧！

目录

1

每天“乐呵呵”的秘诀

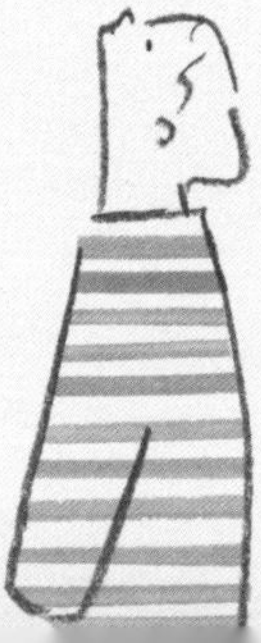

2

思考“怎样才能比现在更快乐”

3

从“匆匆忙忙、每天都太过努力”中解放出来

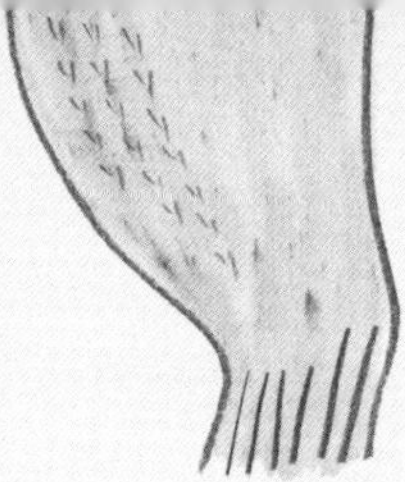

直面“对未来的不安” 4

1

每天“乐呵呵”的秘诀

能享受独处的人，也能
享受跟很多人相处。

快乐生活：猫很享受跟自己相处

人：总是因为害怕被别人讨厌而过分小心，或者勉强自己去迎合别人，好想活得轻松一些啊。

猫：有人说（注意是人不是猫），80% 的烦恼都来源于人际关系。因此，为人际关系烦恼是很正常的，首先要知道大家都在为此烦恼呢。然后在此基础上，去试着模仿我们那种慵懒、自由自在、我行我素却又被人们爱着的生活方式吧，喵——

喵得乐老师的话

如果你变成了一只猫，那你会做些什么呢？晒太阳？睡大觉？悠闲地散步？还是去跟附近的猫打打招呼？

如果再多些独处时间的话，你会做些什么呢？请放空自己，好好想一想。这样做之后，心情是不是好些了呢？

走在街上，你会惊讶地发现有很多脸色阴沉的人。可能是因为一个人走路没有什么笑的必要吧，所以人们都把“烦”“疲倦”“忧郁”写在脸上当作表情。

这正是我们向猫咪学习的好机会！

但是，为什么我们人类向猫咪学习就能变幸福呢？我认为有以下几个原因。

一方面，猫科动物和人类使用的是完全相反的生存策略。人类学会了使用火和工具，创造了团结协作的社会，从而实现了物种的繁荣。除此之外，人类还有一个特征就是强大的学习能力。现在说人类是“地表最强王者”并不为过。

另一方面，猫科动物却是因单兵作战能力强而繁荣的物种。在人类成为王者之前的3000万年里，猫科动物长期霸占着食物链顶端的生态位。除了一部分狮子外，猫科大部分动物都不集体行动，而是依靠各自的狩猎能力而生存繁衍。

这种能力令我们人类既害怕又震惊。甚至我们还听说，几十年前一只大型猫科动物屠了一整个村庄，还有为了捕捉一只入侵村落的豹子而出动整支军队的新闻，类似的事情数不胜数。

21世纪以来，尼泊尔已有超过10名儿童因被豹子袭击而丧命。由此可见，猫科动物对人类是有很大威胁的（虽然如今人类杀害猫科动物的事情要多得多……）。

如今，我们的烦恼大多源自与周围人的关系。人类是一个不抱团就无法生存的物种，但随着集体越来越大、越来越复杂，所带来的烦恼也越来越多，每个烦恼也变得越来越严重。

在这种情况下，作为学习能力超强的人类，就让我们从现在开始学习猫科动物的生活方式，取其精华，为己所用，过上更好的生活吧！

这本书想要推荐给有以下烦恼的朋友：

- 在日常生活中，对人际关系感到压力很大的人；
- 即使是对讨厌的事也无法说“不”、一直忍耐的人；
- 对于自己认为正确的生活方式，没有勇气迈出第一步的人；
- 想要选择更美满、更幸福的生活方式的人。

珍惜“一个人”的时间。

话说回来，尽管人类是地球现在的支配者，拥有最强大的力量，但很多人却总是在害怕着什么，总是神经紧张，不敢去选择自由的生活。

很明显，人类在地球上的地位和人类自以为的地位之间存在着差异。如果本书能够帮助到那些感受到这种差异的朋友，将是我最大的荣幸。

猫的知识 1：

能了解猫情绪的“尾巴电表”

本书不仅介绍人的思维方式，还会尽可能地传递一些关于猫的知识。首先是了解猫的心情、感情和想法的方法。

猫很擅长隐藏自己的感情和情绪。是不是很多人都经历过在猫看起来很开心的时候靠近它，却被它不理不睬？

即使是这样，猫咪们也会有略微流露自己情感的地方，但既不是它们的表情也不是叫声，那么到底是哪里呢？

那就是尾巴。我们能够很容易通过猫的尾巴来识别它们的情绪，我称之为“尾巴电表”。猫的尾巴简直就是一个联结着它心情的电表！

首先，心情好的时候，猫的尾巴会一下子竖起来。当猫竖着尾巴朝着人类一步步走来时，它们会带着想要亲昵和撒娇的情绪。这个时候与它们在一起，能够收获比平时更亲密的体验。

随着尾巴的下垂，猫（主子）的“情绪指数”也在下跌。而什么也不做，自然垂落是猫尾巴的日常模式。如果你的猫装作没听懂你发出的“出去玩吧”的邀请，可能就正处于这种状态。

那种把尾巴垂下来卷在两只后腿之间的猫是相当神经质

的。这种“夹起尾巴”的行为翻译过来就是害怕、想要逃离。在这种时候，你可千万不要贸然靠近。

除此之外，如果一只猫随意地躺着或坐着，尾巴啪嗒啪嗒地拍打，那说明“小主正烦着”。即便是平日关系很好的猫，这会儿也要让它单独待着（如果是有奶猫的猫妈妈，可能是在训练奶猫狩猎，尾巴摇来摇去是为了锻炼奶猫的反射神经跟捕猎能力）。

尾巴“炸毛”时，就是战斗的信号了。为了让身体看起来更强壮，它们会把尾巴整个鼓起来。不过在这种尾巴炸毛的状态之下，大多数时候都隐藏着恐惧。攻击性和恐惧感其实是一体的东西——那些毫无畏惧的个体往往会因攻击而受伤，从而很难在自然界中生存。因此，我们要明白，即使尾巴炸毛了，有的猫的内心也藏着“必须要这样做吗”“人家真的很怕呢”之类的情绪。

通过这样的“尾巴电表”，我们可以在某种程度上识别出猫的情绪变化。由于猫儿们太擅长隐藏自己的真情实感，所以我们不要放过任何一个细微的变化。

对于猫来说，尾巴“像嘴一样会说话”。

怎么啦？
没关系。能行的，能行的。

理解自己并为自己加油：猫真的以自我为中心吗

人：根本没有人了解真正的我。

猫：自己了解自己难道还不够吗？

喵得乐老师的话

最能理解自己的就是自己。阿德勒说，要有能让自己充满活力的口头禅。这种行为被称为“自我启发”。即使是猫，不安的时候也会对自己说“我能行，我能行”，来给自己鼓劲（或许吧）。

为得不到理解而烦恼的，可能不只是你，还有你家的猫。通常来说，越是认真仔细的铲屎官，越会读《养猫大全》之类的书，或者完全遵守兽医的话，这反而会让心爱的猫咪感到痛苦。

猫是一种个体差异很大的动物。由于遗传基因的多样性，猫与猫之间可能完全不同，所以所谓的《养猫大全》的实用性并不强。

与猫接触得越多，就越能切身体会到“猫应该这样养”的建议是行不通的。

例如，在一本有关养猫方法的书中，有这样的内容：不能给猫吃虾、墨鱼等。如果你问当地的兽医，也许会得到同样的答案。

的确，这是很多猫的共同特征，但这个特征是否也适用于你家的猫就另当别论了。

而且，如果我们仔细观察猫的身体特征，也会发现它们都独具个性。

就比如：猫的爪子一共有多少根指头呢？

基本上，猫的前爪各有五根指头，后爪各有四根指头。但是，如果你把身边的猫全部抓来一只一只仔细检查的话，一定能发现一只爪子上长着六根甚至七根指头的猫，这根本不是什么稀奇的事情。对于猫来说，这很常见。

类似的方面有很多，个体差异大是猫的特征之一，所以请各位铲屎官注意“好好观察你的爱猫，细心地去了解它”。而且，即使小主做出的行为和兽医教的或者书上写的不一样，只要不危险，我也希望你们能够尊重它的行为和喜好。

铲屎官应该是比任何人都了解自家猫的人。大家可以用“如果你是猫的话，会怎么样呢”的视角来观察自家的猫。身为兽医的我经常要告诉各位铲屎官，猫的事情不能问兽医（笑），因为经常和各位小主在一起的他们应该更了解自家的猫。

但是，这个“猫猫守则”并不适用于狗。狗是个体差异很小的动物，所以要遵守《养狗大全》和听兽医们的话。

ぐりとぐ
AMÉLIE
アメリ
HARRY POTTER
and the Philosopher's Stone
J.K.ROWLING

到此为止，我一直在说“每只猫都是不同的，所以要尊重它们的个性”，其实，这句话也毫无疑问地适用于我们人类。当你读了一本关于沟通的书，尝试照着书中所写向他人提出问题时，对方的反应可能会完全出乎你的意料。

在育儿方面也是一样，无论你读了多少书，听了多少专家的意见，可能学到的东西完全不适用于自己的孩子。在这种情况下，我们只能观察对方的反应，随机应变，见招拆招（猫的这种“意料之外的反应”的强度很大，经常会吓我们一跳）。

即使是一直住在一起，不管人也好，猫也好，完全理解彼此真正的意思都是一件困难的事。这也是人和猫个性化的魅力之一。这样去想的话，“得不到别人理解”之类的人类烦恼，似乎也很奢侈呢。

在烦恼不被人理解之前，不如先试着理解一下自己的猫和身边的人，把人与人之间的差异理解成个性或魅力所在。

猫的知识 2：

猫有各自的“家”

你听说过“区域猫”一词吗？这个词指的是那种不跟着特定的主人一起住，而是在很多家庭中“游走”的猫。在这个区域里，猫咪们可不止住几天、几年——它们能住好几代。

这么一说，很多人会说：“那这就是猫的地盘吧？”这是一种解释。但是，猫的“地盘”跟我们人类所说的地盘是有一定区别的。为了正确理解猫，我觉得还是不用这个词比较好。

我们通常所说的“地盘”，会给人一种“扩张”“掠夺”的印象。“这里是我们的地盘！”——我们总感觉说这些话的不是什么好人。然而，猫的“地盘”却完全不是这么回事。我觉得把猫的地盘形容为“家”似乎更合适。

猫守护的家，是“使自己能够生存下去的最低限度的场所”。因此，它们不会盲目扩张，也不会去积极争夺其他猫的生存场所。毕竟它们都有各自的家，跟我们人类的“自己家”很接近。

一个确保有食物，能够满足猫生存最低所需的，猫喜爱的地方，就是猫的家。

值得一提的是，猫是母系社会。家庭大多是由猫妈妈传给猫女儿。猫一次会生出多只雄性的后代，所有家族成员都会继承猫妈妈的遗传基因（参考第 101 页）。每次“约会”都是公猫来母猫家里，这或许与以走婚为主流的《源氏物语》的价值观相近。

到了恋爱的季节，公猫们就会积极地往返于多只母猫的家，或者说，“辗转”于母猫小小的家里。

被养在室内的猫会把家视为“住得很舒服的地方”；在一个区域里生活的猫，会把整个区域视为“住得很舒服的地方”，各自就这样生活着。

除了拥有各自的家，某一区域内的猫还拥有一片能让它们聚集一堂的“公地”，在那里定期举行“集会”。它们集会并不是要做什么，就是聚在一起坐着而已，隐隐地表示大家是一个共同体。这种集会没有严格的章程和要求，猫儿们会互相尊重，绝不互相伤害；它们还会传达类似“犯我疆土者，必战至终章”的信息，即如果外部有什么危险，所有猫要联合起来同仇敌忾。

即使没有“一百个朋友”，也可以很幸福。

人际交往的诀窍：猫从不隐藏自己的厌恶

人：我很不擅长与人交往，对此有什么好的方法吗？

猫：既不伤害自己也不伤害对方，不就好了吗？没必要思考怎么搞好关系！

喵得乐老师的话

“既不伤人也不害己”，只要遵守这一点，人际交往就不会有什么问题。猫的社交之道是那些只关心周围人的眼光、对自己苛责的朋友的特效药。

近来，社会的倾向是偏爱社交型的人。我们经常会听到“朋友还是多多益善的好”“拥有广泛的人脉很重要”之类的话，你是否也这样认为呢？

如果保持这种社交状态能让自己比较舒服的话也是不错的，但是如果因此备感疲惫……

受阿德勒心理学的影响，沟通分析理论取向的咨询师们提出：

- 不过分迎合环境，放过自由的自己；
- 减少对自己的批判和斥责，多赞美自己。

这两点非常重要。如果你对社交感到疲惫，就应该思考一下这两个观点，调整一下自己的状态。

那么，让我们来看看猫式的社交方式吧。

我们有时会有这样的体验：在家附近走着，不经意间又见到了上周见过的那只猫，但它却装作不认识你——明明上周还凑上来让你摸它！“难不成它忘了我？”你可能会有这样的想法。

但猫可是记忆力非常好的动物。在大多数情况下，即使只见过一面，它们也能记得一周左右。实际上，猫的记忆力是非常惊人的。我有个朋友曾经帮别人养过一只几个月大的虎猫，虽然只养了两个月，并且在那之后再没有见过面，但是当14年后再次见到的时候，那只猫仍然记得他，而且对他还是很亲昵。对猫来说，这样的事情并不稀奇。

对于猫来说，14年相当于人类的几十年，可真是相隔几十年的再会啊！由此可见，一旦被它们视为“重要的人”，无论过多久都不会忘记。

话说回来，我们又是如何发现那只虎猫认出了14年前养过他的人呢？据说是因为它一直都比较“高冷”，完全不会坐在谁的大腿上，但却毫不犹豫地爬上了原主人的膝盖，并很自然地趴了上去（现在的铲屎官应该会很闹心吧）。

喜欢也好讨厌也罢，黏人也好不亲近也罢，就是这么回事儿。我们有时会迎合父母的期待，有时会满足伴侣的愿望，总之，我们总是会为了迎合他人而努力。明明不喜欢却要装出喜欢的样子，明明不想要却要表现得很高兴……这样的事情做多了，就会让我们觉得很辛苦。

如果一味地按照别人的期待生活，我们很难收获自己的幸福和满足感。

只关注他人看法的人生，在心理学上被认为与“协同依赖”这种不健康的心理相关。这种心理如果针对酒的话就是“酒精依赖”，针对药的话就是“药物依赖”。这种不健康的协同依赖心理很容易成为压力的来源。

这种时候，找回自我的方法就是阿德勒所说的“自我启发”——发现内心想做的事情并且支持自己去做。

过度尊重他人以致感到痛苦的时候，请冷静下来，从猫的角度去思考“自己到底想怎么做”。

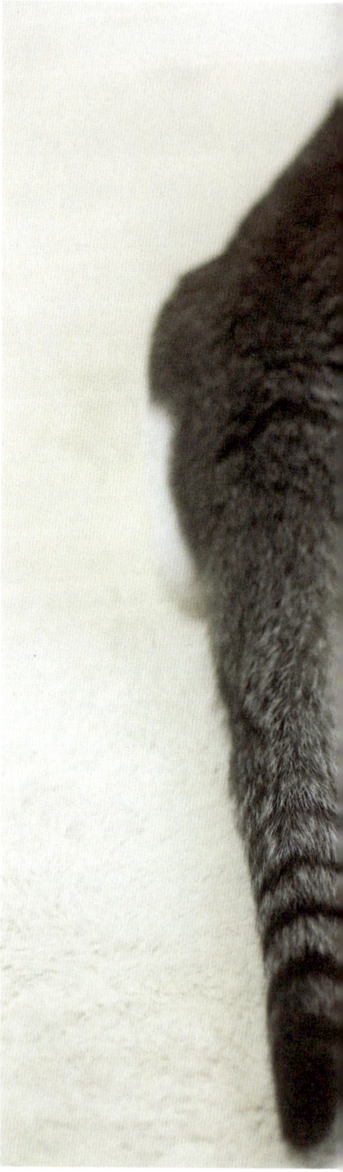

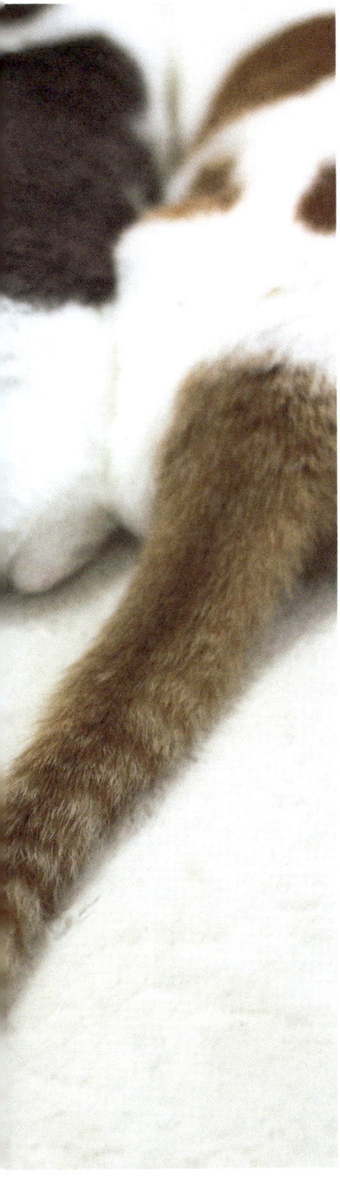

但是，这并不意味着为了自己想做的事，就可以给别人添麻烦或任性妄为。因为人类毕竟是生活在集体中的，所以不要忘记这种“共同体感觉”——自己和他人都能获得幸福和满足的状态。

如果想要详细了解这方面的知识，可以去阅读心理学方面的专业书籍。简单地说，只要不伤害他人，也不伤害自己，做什么都可以。

猫的知识 3：

你家猫的真实年龄是几岁（年龄的计算方法）

猫的衰老方式跟人类完全不同。首先，猫出生后 1 年左右就会“长大成猫”。如果用人类的年龄来换算的话，猫出生 1 年就是 18 岁左右。之后可以按照每 1 年 ×4.7 岁来进行年龄换算。也就是说，出生 5 年的猫按照人类的年龄来算就是 37 岁：18（最开始的 1 年）+4 年 ×4.7 ＝ 37 岁。

出生超过两年的猫年龄的换算方法，粗略来说就是“人类的平均寿命 ÷ 猫的平均寿命”。比如日本人的平均寿命是 84 岁，家猫的平均寿命是 15 岁，就能得出猫的平均寿命是（84–18）÷（15–1）＝ 4.7 岁，因为第一年是用其他方式计算的。

虽说可以大体通过这种方式来计算猫的年龄，但是每只猫的成长和老化速度都存在差异，野猫和家猫的平均寿命也大不相同。而且在其他国家，人的平均寿命是按照 75 岁左右来计算的，这与日本人的年龄也有差异。不过在这个问题上，我们没有必要较真，粗略估算就可以了。

你的猫实际上相当于人类的……

1 岁	18 岁
2 岁	18+4.7 = 22.7 岁
3 岁	18+9.4 = 27.4 岁
4 岁	18+14.1 = 32.1 岁
5 岁	18+18.8 = 36.8 岁
6 岁	18+23.5 = 41.5 岁
7 岁	18+28.2 = 46.2 岁
8 岁	18+32.9 = 50.9 岁
9 岁	18+37.6 = 55.6 岁
10 岁	18+42.3 = 60.3 岁
15 岁	18+65.8 = 83.8 岁
20 岁	18+89.3 = 107.3 岁
25 岁	18+112.8 = 130.8 岁

满足自己心情的不是别人，而是（且仅仅是）自己！

不察言观色的勇气：猫会跟人唱反调

人：总是去察言观色，考虑对方的情绪，真的让人疲惫不堪。

猫：人和猫不同，人本来就不能理所当然地理解对方的想法。

喵得乐老师的话

人类是一种“必须用语言才能交流”，而且数量比其他动物多得多的动物。他们和“能读懂对方想法”的猫有很大不同。所以，“理解我的心情”“回应无言的期待”对人类来说本来就是不可能的！不要老是看别人的脸色，多考虑自己想怎么做吧。

我们常被告知“要站在对方的立场上，好好考虑对方的心情”，特别是在人际关系出现问题时，人们经常会说这样的话。而且，我们很多人确实也很怕做出“没眼力见”的言行举止。

这里所要求的“理解对方心情”和“察言观色”的能力，是人类在进化过程中为了生存而发展出来的。但这种能力尚在发展中，并不完善，所以我们才会有这些烦恼。

如果说沟通交流的烦恼实际上是因为人是智人，那你或许就能理解为什么人类会有如此多的人际关系上的烦恼，并总是为了化解这些烦恼而努力了。因为“人本来就无法相互理解”，而我们却想要克服这个难题。

非要把我们这个物种不擅长的事情作为努力的目标，而且做不到完美就认为自己不行，从这个角度来说，我们真的是在给自己画地为牢。

那么这种沟通交流的烦恼到底是不是因为人是智人呢？让我们先来看一下其他动物。

首先是以狼为首的犬科动物们。它们是群居动物，而且集体捕猎。由于在捕猎过程中是无法一一商量行动方法的，所以犬科动物会互相揣摩同伴的心思，也会察言观色。而且不擅长这种团队合作的个体只能离开种群，只有擅长团队合作的个体才能福寿绵长，子子孙孙无穷尽。

接着再说猫科动物。除了狮子以外，基本上所有猫科动物都是独居动物，单独狩猎。因为单独狩猎意味着能独占自己的猎物，所以能得到的也就更多。但是，团体狩猎的成功率似乎更高。实际上，犬科动物如果单独狩猎的话，结果会完全不同——它们很有可能会被饿死。

那为什么猫科动物会单独狩猎呢？是因为它们不擅沟通吗？不不，不是这样的。

这是因为猫科动物能够做到“不让对方察觉自己的意图和行动”，这是它们的优势。观察猫科动物的捕猎场面，我们会发现，除了我们想象的“瞄准猎物出击”之外，它们还有其他捕猎手法。例如在出手之前，它们会表现得似乎完全没有注意到猎物，或者对猎物完全不感兴趣的样子，然后突然扑上去一招制敌。

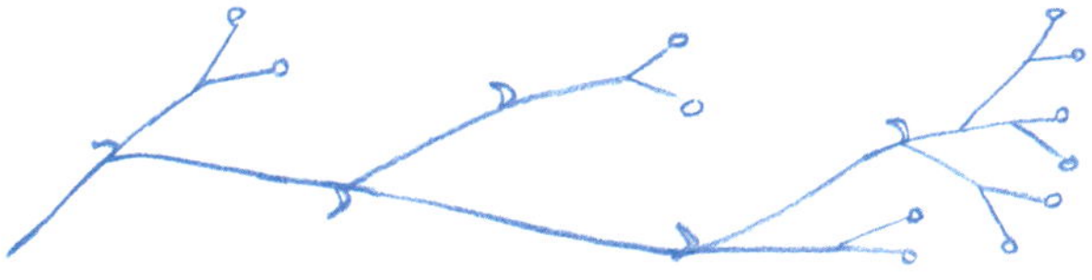

THU
AUG

猫能看穿一切。

虽然佯装不知，但其实早已在观察猎物，脑子里也盘算着种种：猎物是怎么行动的，产生危机感后会做出什么举动，会逃向哪里，以及成功捕获的概率有多大。

就这样，猫科动物一边揣度猎物的动向，一边不让对方感受到自己的意图，由此，它们登上了食物链顶端的王座。“边读取对方的心，边隐藏自己的想法”可以说是猫科动物最大的特征。它们的眼球基本上不动，你根本分辨不出它们在看什么。

同样，我认为猫是能听懂人类说的话的，但是它们却能让人类对此一无所知，同时依旧根据自己的想法行事（笑）。即使察觉到对方的情绪，也会装作没注意到，故意无视，这对猫儿们来说是家常便饭。我经常见到有人在巷子里找自家的猫，一边走一边喊，而他的猫就是不露面。猫就是这个“德性”：一边分析对方，一边隐藏自己的想法。这是猫科动物天生的强项，是它们赖以生存的能力。

回到人的话题上。我们人类基本上是无法读取对方的想法的，尽管我们发展出了通过表情或语言进行沟通的能力，但还是不足以相互理解。“语言”已经被我们使用了几万年，在传达了很多信息的同时，也让我们意识到了“正确传达”是多么的困难。特别是形容词和副词，每个人的理解都不一样。比如对于“马上完成任务”的要求，不同人完成的时间肯定是不同的（苦笑）。

这在某种程度上就意味着，如果不仔细说明，不反复斟酌用词，与其他动物相比，难以理解的人类可能会非常多。如果这就是人类的特征，那么所谓的理解不了对方的心情、看不懂气氛，也是没有办法的事情。

就算是理解不了对方的心情也不要在意；反过来，也不要对对方抱有“虽然我不说话也不做表情，但你要懂我！”的期望。我认为这就是做好人际沟通的秘诀。

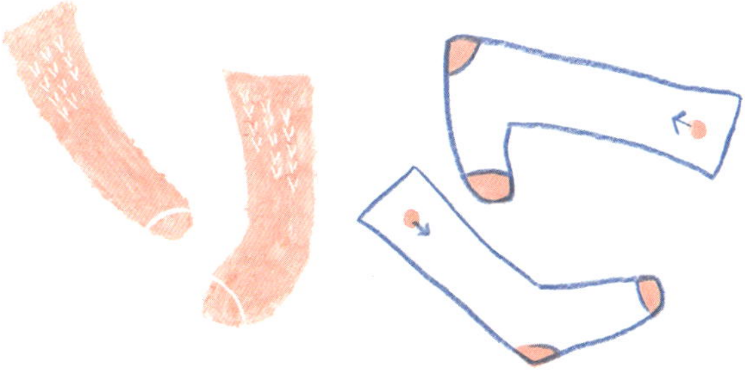

多样性，实际上也是好事。

自我中心与隐忍的平衡：猫果然是自由的

人：明明是应该协作完成的事情，但大家却只考虑自己，这让我越来越焦虑。

猫：只要是朝着目标努力前进，不是哪条道路都可以吗？

喵得乐老师的话

集体和社会的规则、气氛，不是什么都要照单全收的，也要重视自己的想法和感觉。正因为人是多种多样的，很多事情才能够顺利进行。

“明明已经确定好了方法，但还是有人坚持自己的风格，好烦躁。”

“我真的无法忍受周围人那种只顾自己的态度。”

有正在为这种情况而烦恼的朋友吗？公司的规则、社会的礼仪、人与人之间的相互理解和尊重对于社会和谐发展是不可或缺的。但是，从动物的角度来看，过度按照规则办事往往会使事情往可怕的方向发展。是的，过于严格的规则和礼节，足以导致整个族群灭绝。

插一个问题：你认为对于某个物种来说，要想一代代地延续下去，最重要的是什么？

那就是“遗传多样性”。即使是同一个物种，个体之间也存在很大的差异，这对于应对包括环境变化在内的各种风险是有利的。这种多样性非常重要，一旦减少就无法恢复，甚至可能会导致物种灭绝。

在澳大利亚的塔斯马尼亚岛，有一种叫作袋獾的动物，这是世界上最大的肉食性有袋类动物，看起来很像小黑熊。由于人类的滥捕滥杀（人类误以为它们袭击了家禽而驱逐它们），袋獾的数量一度大幅减少。尽管在误会消除后，人类又对它们进行了保护，使其数量短暂增加，但袋獾整个物种都被感染了一种传染性的癌症，面临灭绝的危险。

袋獾对这种癌症无力招架也是有原因的。当个体数量即遗传多样性急剧减少时，携带能对抗这种癌症基因的袋獾可能也已经死亡。之后，即使袋獾的数量得到了恢复，那些丢失的基因也无法复原。由于这种癌症的流行，据推测，袋獾将在 50 年后灭绝。

美国的水牛和中国的熊猫等濒危动物[①]也是一样。一旦数量减少到 1000 只左右，遗传多样性就会丧失。之后，即使大

① 原书如此，但熊猫由于保护得当已转为易危动物。——译者注

力进行保护工作，即使使其种群恢复到濒危前的个体数量，灭绝的风险也高达 100 倍以上。

事实上，人类也面临着同样的灭绝风险。我们在 7 万年前的个体数量一度大幅减少到 2000 ~ 10 000 人左右。也就是说，人类的遗传多样性并不像外表呈现出来的（如肤色、体格等差异）那么大。甲型 H1N1 流感和埃博拉病毒等流行性疾病(全球流行)之所以令人恐惧，是因为人类在遗传基因上都很相似。

这种多样性不仅作用于遗传方面，在社会生活中也很重要。可以说，这是公司或组织存续、发展不可或缺的要素。举个极端一些的例子，假设某公司的老板是个工作狂，休息日也喜欢上班、加班。如果公司的员工也都是工作狂，恨不得每周七天、每天 24 小时都忙个不停，那会发生什么呢?

或许能获得一时的业绩增长，但总有一天会被社会的变化与时代的浪潮所淘汰。全员以同样高度紧张的状态向同一个方向全力疾驰的组织是非常危险的。或者说，如果有一种与睡眠不足有关的病毒蔓延开来，那么这家公司的全体员工都会病倒，公司也就无法运转了。

工作执行也是如此。制定一套方案，所有人都按照这套方案去做，在效率上自然是极好的。但是，如果所有其他方法都不被允许，所有人都统一行动的话，就无法再回到之前的多样化状态。整齐划一，彻底遵守规则，确实也有好的一面。但是，对于具有一定规模的组织来说，拥有一些不合群、不守规则的人也是发展的必要条件。

如果你在工作中遇到了无论如何都不遵守规则的人，那我建议你去问一问，为什么他不采用这种方法？以一种听取意见的姿态而不是责备的口吻去询问，或许就能发现对方在意的重点，正是你忽略的方面。

当你在规则与多样性之间陷入两难境地时，不妨设想一下自己60岁时想做些什么，目前所在的公司或组织在20年后能为社会做出什么贡献。然后再试着思考一下目前的规则是否合理，你就会发现新的可能性。

猫的知识 4：

推荐猫样工作法

为了开发宠物食品，我把研究室转移到了海外。搬到新的据点后，我发现，这里的工作方法与前面介绍的猫的“家庭集会”非常相似。

在日本人看来，欧美社会由于本位主义，人与人之间或者整个社会内部都没有太大的联系。这其实是一个很大的误解。

在欧美系的公司里，每个人的工作职责和成果都非常明确（跟“家”的思考模式相同）。而且，他们周末经常聚在一起，举行各种派对、室外烧烤或是聚餐。这种聚会经常是跨科室或跨部门的，总经理也好，业务主管也好，各个部门的大小负责人都会参加，愉快地交流工作信息。那种跨公司的聚会也有很多。总之，承担责任与后果的个体，慢慢地构建起一个共同体（与“集会”的思考模式类似）。

在了解他们的聚会之后，我的脑海里马上联想到，日本公司的员工总是把自己的部门看得异常重要，从而难以从整体上了解公司。为了解决这一问题，日本人想出的对策是轮岗，每隔几年就进行一次人事上的重新部署。但即便如此，要想让所有员工都了解整个公司也需要 20 年左右。

如果也跳出部门的限制，每月举行几次聚会或是派对，像欧美公司那样沟通，那么信息共享的速度也会改变。

在埋头于自身工作的同时，了解公司的整体情况，并在此基础上成为专家。这一方面，日本可以说是落后的。

在当今的日本，生产效率是一个非常大的课题。实际上，日本白领的生产效率低于 OECD 成员国的平均水平，在七个发达国家中是最低的。能干的员工给不能干的员工收拾烂摊子是家常便饭。就算你集中精力高效率地完成工作，如果比上司或同事早下班，也会遭到白眼，或是被要求“闲的话，帮帮我吧……”。而且可能很多人都经历过不管怎么努力，薪水也不会涨的辛酸。

很多欧美人的工资比日本人高，而且他们不用长时间工作，还每年都能放个长假，但他们的工作效率也很高。我认为是时候好好思考一下其中的根本原因了。

狗的纵向社会

猫的横向社会

即使是好心，
但如果过分干涉，
也成了多管闲事。

好心 vs 多管闲事：『远远地守护着』也是一种伟大的爱

人：即使看见了正苦恼的人，也没有勇气上前去打招呼。

猫：远远地看着、关心着也是了不起的交流哦。

喵得乐老师的话

很多人都不擅长表达自己的感情或是想法。特别是日本人，这种倾向更为严重。所以在某个地方一定存在牵挂你、希望你幸福的人。要是能察觉到他们的存在就太美好了。

在这个世界上，傲娇女似乎一直占据着高人气，从这个意义上说，猫或许是终极傲娇者。它们会故意隐藏自己对主人的强烈情感，这似乎是一种本能。猫是非常不擅长表达感情的动物。在养猫者中，能充分感受到自家猫对自己的爱的人，大概连两成都没有。

让我来讲述一件我切身体会到猫的爱之深的事情。

那是我儿子一岁左右的时候。我妻子的娘家有只叫“真央”的猫（已经活了 22 年），每当我儿子出门玩的时候，它一定会跟着出去。但它并不和我儿子一起玩，而是爬到围墙上远远地看着他。等我儿子玩够了，他们再一起回家。总之就是要一直守着看小主人有没有遇到什么“事儿”，有没有被谁“袭击”。在真央眼中，如果它不“保护”我儿子，我儿子就会有危险。就这样，真央的“保护”一直持续到我儿子上高中（笑，真是操碎了心）。从中我们不难感受到猫儿浓浓的爱意。

这么说起来，我上小学的时候，每当晚上一个人溜出家门去钓鱼时，家里的猫小玉也一定会跟着来。现在回想起来，可能它也是在保护我不受伤害。

人们常说，爱的反面是漠然。但这么说并不准确。例如，走在车站的楼梯上，我遇到了一位素不相识的母亲正提着沉重的婴儿车。这时，如果能走过去说一句“我来帮你吧”，然后帮忙抬婴儿车自然很好，但是也会有一些时机不太恰当的时候。如果是那样的话，我会在一旁默默地守护着，祈祷着平安无事，真的到了紧要关头，再伸出援手。投入这种猫式的感情也是很好的，我自己也希望能遇到这样的人。

无论发生什么都相信你哦。

『完美邂逅』制造法：与猫的羁绊

人：我没有看人的眼光，总是上当受骗。

猫：信任之人信任的人、事、物也可以相信。去问问那些你可以信任的人的意见吧。信任这种东西，猫跟人都是一样的哦。

喵得乐老师的话

在猫看来，人际（不是猫际）交往大致分为以下三种：

- 淡定地想“咦？他刚刚避开我了？”这种程度的交往（工作层面）；
- 像聚会一样，在约好的时间、地点聊天的深度交往（朋友层面）；
- 推心置腹的、互相信任的交往（爱人、家人层面）。

你想跟对方建立什么样的关系呢？

“想养一只跟自己性格合得来的猫”，如果你有这种想法，那我建议你去见一见猫妈妈。猫是母系生物，奶猫通常会继承猫妈妈的性格，而且猫妈妈也会传达给奶猫很多难以置信的信息。

从出生到被送进宠物店或者被主人认养的这段时间，奶猫在大多数情况下都是由猫妈妈抚养的。由于那个时期是性格的形成期，因此奶猫的性格在很大程度上会受到猫妈妈性格的影响。

人们常说猫很“冷酷”，但实际上，猫妈妈跟小奶猫之间有着非常深厚的感情，而且这种感情并非只存在于猫与猫之间。只要满足一些条件，人和猫之间也能建立起同样深厚的羁绊。

在这里，我想谈一谈真正意义上的“羁绊”，从“人与猫之间建立深厚感情”这一视角来讲述。这不是说要从“现在就应该这么做”，或者“不采纳我在这里提出的方案就不行”。为了在今后的时间里不产生误解，要从根本上相互理解。这是一个颇有希望的方案。

你见过猫妈妈和奶猫和睦相处的样子吗？

奶猫即使被猫妈妈叼住后颈，也完全不会反抗，即使是在猫妈妈力道稍有失误，自己就可能丧命的情况下，奶猫也会乖乖地顺从猫妈妈。在遇到危险时，猫妈妈会优先照顾自己的宝宝，会挺身守护它们。母子之间就是这样的关系。

这种爱之深是惊人的，就连我自己，也是在抚养了一只眼睛还没睁开的奶猫之后才意识到猫的爱和信赖是如此强烈。我接下来想说的事情是我长久以来在救助和养育各个年龄段的猫后才意识到的。那就是在奶猫出生后的第一时间，或是在其眼睛睁开之前（出生后 10 天内最佳，最迟不超过一个月）开始养它，从用你的手给它喂奶开始，它跟你之间的那种无条件的爱的羁绊就会形成。

你可能会感到惊讶：“啊！真的吗？和猫建立无限感情只要这么短的时间吗？”考虑到猫的成长速度，这也可以理解。

设想一下，假如你回到了 15 岁，这时，由于某种原因，你的亲生母亲不在了，取而代之的是一位新妈妈。她非常温柔，也非常疼爱你。但是，你跟新妈妈建立起的感情与你和把你养到 15 岁的亲生母亲之间的感情，能一样吗？“新妈妈再完美，也不是亲生母亲。”产生这样的矛盾心理，也是没有办法的事吧。

猫和主人之间的关系，大多也是这种状态。猫的身体在出生后一年左右就会发育成熟，而性格的形成会更快，大概在出生后的 2~7 周（相当于人类的幼儿期）就已成型。跟人类比起来不仅早，而且速度还快。这个时期是跟谁度过的，是猫对谁拥有无条件爱的关键。

关于猫性格形成的那 2~7 周到底有多重要，一项动物行为学实验对此进行了研究。研究者让一只刚出生的小猫跟一只老鼠在一起生活了 9 周。结果发现，这只猫不仅不攻击那只老鼠，也不攻击那只老鼠的同伴。老鼠本应是猫的捕猎对象，但由于它们在猫的性格形成期是与其一同度过的，所以彼此之间已经有了感情。而一旦结下了这种羁绊，就绝对不会再背叛。我想大家应该能理解一起度过这个时期的重要性。

不过，为了避免误解，我要澄清一件事。我并不是说在奶猫睁眼之前或者说出生一个月之内一定要将其跟猫妈妈分开。

日本现在的法律规定，宠物店售卖宠物必须要在宠物出生 56 天之后。确实，现在的做法是把奶猫从猫妈妈那里带走，放在玻璃柜里销售。如果更早地把奶猫从猫妈妈身边带走，会对奶猫产生很大的负面影响，所以不应该这样做（这并不是说 56 天后的售卖形式就是好的）。

但是我认为，主人作为猫往后余生的伙伴，承担着猫妈妈的责任，彼此之间会产生无限的爱。这不管是对猫还是对主人来说都是一件很幸福的事吧。

还有一件事需要说一下，并不是说在猫出生一个月后才开始养，就无法与其建立那种无限深厚的情感关系了。

请试着从人类的角度想一想。亲子关系、青梅竹马的关系、青春期开始的关系、20 岁以后的关系，或者近些年建立的关系……无论是从哪个时间点开始的关系，对你来说都是不可替代的。不能一概而论地说老朋友就更好。猫和你建立的关系也是一样的，每一种关系都有其各自的优点。

写到这里，我想谈谈我为什么要对这些可能会引起误解的内容如此小心。因为我认为猫这种动物是人类有史以来所饲养的动物中最特别的存在。从古至今，人类养过各种各样的动物。猫、狗自不必说，除此之外还有牛、马、猪、鸡、鸭、鹅等家畜、家禽。这些动物和人的关系大多是“首领与群体”的关系。例如，对于家禽、家畜来说，人是首领，或者狗是首领，而人又是狗的首领，总之是一种上下级关系。

猫（和一部分狗）与人之间的关系却与之不同。虽然它们和人类也形成了共同体，相互之间的感情很深厚，但它们之间不存在上下级，是一种平等关系。

正是由于猫跟人的关系与其他动物不同，因此我们从其他动物身上得出来的结论并不适用于猫，由此就产生了很多误解。

因此，能否理解猫可以说取决于人类建立无上下级的信赖关系的能力。一旦通过猫学会建立这种关系，人类就有可能培养、深化对平等信赖关系的理解。

我认为，我们对于猫的误解，或许在超越了人类社会和人跟所养动物之间的上下级关系的制约之后就能消失。

阿德勒心理学的温和感和猫的生活方式如此相似，让我感受到了超乎偶然的进化的神秘。进化生物学将这种现象称为“趋同进化”，即完全不同的生物为了适应环境而进化出了相似的机能。例如鲨鱼（鱼类）和海豚（哺乳类）、鼹鼠（哺乳类）和蝼蛄（昆虫类）身上就存在相似之处。我很想了解这种神秘，以及通过猫打开的人类新世界的可能性。

不过，牛奶和猫妈妈的奶水成分是不同的，如果你从奶猫喝奶时期就开始养它，请从宠物店里购买专门的猫奶粉。而对于狗来说，从出生到 12 周左右都属于“幼儿期”，因此只要是在出生后两个半月之内开始饲养，都容易建立起类似亲子的关系。一些跟自家的猫狗建立起深厚感情的人还以为从出生开始饲养是必要条件。一日为猫妈（狗妈），终生为猫妈（狗妈）。希望人类和猫之间感情羁绊的表现形式，能够在今后的 20 年里，慢慢地发生变化。

猫的知识 5：

寻找适合自己的奶猫的方法

就像之前说的那样，我们很可能会跟我们的猫共度一生。那怎样才能找到适合自己的奶猫呢？

不管是多大年纪的猫，我都不建议在宠物店购买，因为我们没法了解猫妈妈的情况。如果猫妈妈是在没有压力的环境下生下的奶猫，相应地奶猫也不会有什么压力，反之亦然。但我们无法得知宠物店的奶猫是在什么情况下出生的。奶猫有什么样的遗传性状，通过母猫在某种程度上也能知道，这在宠物店也是无法实现的。奶猫的性格、体质等，判断依据都来自它的妈妈。

并且，由于日本法律规定宠物店卖的猫必须满 56 天，即将近两个月大，因此要想早一点开始养猫，就只有一些有限的方法。

我从救助还没有睁开眼的奶猫的过程中获得了宝贵的经验。如果你想真正了解猫的情况，那我希望还是从奶猫还在猫妈妈那里时就开始。

如果你打算认养一只奶猫的话，那首先要在其出生之前，花点时间好好挑选母猫。在观察母猫的时候，不仅要观察其性格是否适合自己，还要观察其生活的环境是否清洁，有没有被关在狭小的环境中。这样选出来的猫在接下来半年内生下的奶猫是最理想的。

关于人与动物的关系，虽然有很多法律，但我觉得其中大多数都不是为了保障动物自身的幸福和发展可能性。另外，不管是猫还是狗，很多动物都被人类折磨得痛苦不堪，这是事实。

不要把人类的幸福强加给动物，唯有这样才能让双方都更加幸福，我衷心希望人类和动物之间能构建起新的关系。

远远地看着、关心着
也是了不起的
交流哦！

让自己在挂掉前
不后悔地活着吧！

满足自己心情的
不是别人，而是
（且仅仅是）自己！

适当的距离感，
适当的安心感。
这就万事大吉！

即使是好心，
但如果过分干涉，
也成了多管闲事。

不过分迎合环境，
放过自由的自己。

2 思考“怎样才能比现在更快乐”

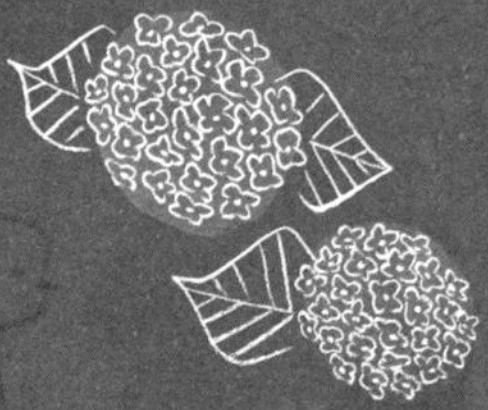

Adler & cat
Psychology

你的常识，未必是周围人
（或猫）的常识。

不要过于相信『自己的常识』：猫从不求同

人：有的人明明知道那样做会更好，却不那么做，对此我很苦恼。

猫：想要操纵对方、改变对方是不行的。与其试图改变别人，不如集中精力改变自己。

喵得乐老师的话

我们无法得知你认为好的东西，对方是否也觉得好，也无法得知他人觉得好的东西，你觉得好不好。并且，大家认为好的东西，实际上好不好也是不明确的。

人们常说，要想在初次见面的时候和别人搞好关系，就要寻找对方和自己的共同点。我们都倾向于喜欢和自己有相似之处的人，如果发现对方是老乡，气氛会一下子融洽起来。

另一方面，对于喜欢的对象，我们也会不知不觉地产生一种“希望对方和自己一样”的倾向（愿望和欲望）。做朋友时不在意的对方的习惯，在成为恋人的瞬间就开始在意，希望对方改变，这就是典型的例子。

养猫之后，你可能会不自觉地希望猫能跟自己一样。但是，“人类的常识＝猫的非常识”的情况是非常多的。如果不了解这一点，就可能会做出伤害爱猫健康的事情。

前几天，我的一个养猫的朋友跟我说：“我家的猫很容易长结石，一年要住院好几次，这到底是什么原因呢？我好恼火啊！”确实，结石是猫的常见病，但一年出现好几次实在是太多了，于是我询问了他平时都给猫吃些什么食物。

“就只给它吃它喜欢的东西呢，比如……”

这位猫主人给猫的食物中含有一种猫不能吃的东西。自从猫不再吃这种东西，身体很快就恢复了健康。

这种东西就是卷心菜。他每天都用卷心菜和味噌汤的高汤来给猫煮小鱼干。

卷心菜和菠菜之类的蔬菜对猫来说是有毒的，不能代替猫草。这类蔬菜中含有的草酸会与小鱼干里的钙结合形成草酸钙（结石），有时还会导致膀胱炎的产生。

明明只是喂了猫它想吃的东西……知道原因后，这位猫主人表示很震惊。

总之，通过这件事情，我想告诉大家的很重要的一点就是，你和周围的人还有猫之间是不同的，你们的想法、优先事项以及体质等当然也是不同的。如果你坚信大家都是一样的，那么一旦差异摆在眼前，就很难接受。对于人来说，这可能会导致吵架或分手；如果是人与猫，可能就会导致猫生病。在发生这样的事情之前，我们要承认彼此之间的差异。这样一来，就不会因为一点小事而焦躁不安了。

“给他让路，他会感谢我吗？”这种事，猫完全不会考虑。

重要的仅仅是，“我”是想让还是不想让。

为了别人 vs 满足自己：身体不会说谎

人：明明一直在为别人着想，对方却一点都不感恩。

猫：这样做你自己觉得幸福吗？比起他人的感谢，先专注于自身的幸福吧。

喵得乐老师的话

得不到感谢，也许是因为你的努力并不是对方想要的。喜欢照顾别人或多管闲事的人，其实并不温柔，而只是想让对方依赖自己，让对方觉得自己是重要的人而已……回过头来确认一下，这种温柔是不是为了弥补自己的不幸和无法被满足的感情呢？

以人类为基准的“健康”和“对身体好”，对猫来说不仅完全不适用，还会造成危害。如果强行给猫吃对人类健康有益的“有机食品”，认为给猫吃和自己一样的东西就是对猫的温柔，那就大错特错了。

众所周知，人类是杂食动物。换句话说，人类的体内存在各种各样的消化酶，能够从多种食物中吸收营养。杂食动物的特征就是能消化、吸收对肉食动物或草食动物来说有毒的东西。

具体来说，据说人的消化器官有五种解毒功能，其中两种功能猫都基本不具备。简单来说，对人有益的东西有四成（五分之二）对猫来说都是有毒的。例如，对人有益的洋葱和大蒜对猫就有害，会引起海恩茨小体性溶血性贫血，严重情况下还会致死。

那么，如果才能识别猫能吃的植物呢？

直截了当地说，禾本科植物都可以给猫吃。在进化史上，家猫的祖先利比亚山猫曾经从森林被驱赶到草原上。草原上有很多依靠少量水存活的禾本科植物。在草原上生活的小型哺乳动物大多以草为主食，猫的祖先就是以这些小动物为食的。有时它们会吃掉胃里残留着禾本科植物的老鼠之类的生物。在这样的背景下，它们对禾本科植物产生了耐受性。

而虽然形状相似，但韭菜属于石蒜科，菠菜属于藜科，卷心菜属于十字花科，对于猫来说都不能吃。由于分辨蔬菜的科属是一件相当困难的事情，因此在养猫的日常过程中，不要随便给猫喂食蔬菜。如果想喂的话就喂些猫草好了。你可以认为，在蔬菜中，除了禾本科植物，其他基本上都有让猫中毒的危险。

当然，解毒能力也是因“猫”而异的，有能力强的也有能力弱的，这与人的酒量类似。有的人稍微喝一点酒就醉了，也有的人不管喝多少都不会觉得不舒服，还有的人很“能喝”，但喝多了之后肝脏会

不舒服，还有的人每天都会“小酌怡情”。

无法一概而论地说什么好、什么不好，什么东西适不适合自己的体质只有自己知道。

可是，猫跟人的语言不通，感知味道的味蕾也较少，所以即使吃了什么对身体不好的东西，自己也意识不到。要想知道对自家猫来说，到底什么是好、什么是坏，好好观察，摸清它的“底细”是必需的。

话虽如此，万一真的不小心给猫吃了毒性很强的食物，猫也可以通过自己强大的自愈能力化解，当地的兽医也会有办法，所以不用那么惊慌失措。

在遵守基本规则的同时，一旦有必要就求助于专家。我认为这就是让事情顺利进行的秘诀。

猫的知识 6:

植物与动物的生存竞争

因为我很喜欢鸟，所以我经常观察它们。通过观察斑嘴鸭一类的鸭科动物，我发现它们果然不吃十字花科的植物。在食物越来越少的冬季，即便吃光了附近的禾本科植物，它们也看都不会看旁边十字花科的油菜花。因为它们知道油菜花对自己来说是有毒的。我们吃油菜花的时候会感受到一丝苦味，这是因为一种叫作“生物碱”的成分。这种成分对大多数动物来说都有毒性。

其实人类也一样，小孩子都不怎么喜欢吃油菜花或山菜，甚至很多小孩子本来就讨厌吃蔬菜。那些喊着“苦”而不吃蔬菜的小孩子，准确来说是感受到了毒素，这种倾向是有进化意义的。他们大概要到了高中才会变得不再讨厌吃蔬菜。因为到那个时候，他们对毒素的抵抗力会有一个质的提升，并且大量摄入蔬菜，能防止想要入侵人体繁殖的微生物和霉菌等。就是在这种摄取蔬菜毒素、不断强化自身免疫力的过程中，人类对苦味的耐受性增强了，越来越能“吃苦”。

从这个角度来看，对于解毒能力弱的小孩子来说，含有大量生物碱的蔬菜不仅味道苦，而且有毒。小时候讨厌的蔬菜长大后喜欢上了，这也意味着对毒素的抵抗力终于提高了。

为什么植物会带有毒素呢？是为了留下种子。如果一点毒性都没有的话，它们很快就会被草食动物吃个干净。这是植物的生存之道。

实际上，植物和动物总是在进行生存竞争。例如，恐龙的灭绝也和植物的进化有很大的关系。恐龙在全盛时期主要以覆盖地面的蕨类植物为食，但随着环境的变化，蕨类植物也经历了从常绿树到落叶树再到草类的变迁。到恐龙灭绝的时候，曾覆盖地球全境的森林有三分之二都变成了草地。因此，体型庞大的食草类恐龙就因无法摄取足够的营养而饿死了。

此外，人们在恐龙化石中也发现了因食用草类而患上肠胃炎死亡的恐龙。对草类没有耐性，也是恐龙灭绝的一个原因吧。由此可见，植物和动物在进化中一直在不断地斗争。

我们人类所吃的蔬菜只是种类繁多的草类中的一小部分。为了人类能吃，它们的毒素也在减少。我们之所以会有“蔬菜有益健康”的印象，也是因为人类巧妙地利用了蔬菜中残留的少量毒素。因此我们也能很容易联想到，如果只吃某几种蔬菜的话，肯定是对健康不利的。

在谈到猫的饮食时，我之所以会要求“请把蔬菜视为有毒”，就是基于这样的背景。

可是，不管怎么样，
就是觉得很讨厌……

忠实于『自己的感觉』：猫很任性吗

人：不要因为自己的任性和方便而给别人添麻烦！如果是小事的话就忍忍吧。

猫：那真的是任性吗？如果本身就是这种性格，那也只能接受哦。

喵得乐老师的话

任性的代表例子就是“挑食”。我觉得不能一概而论地说挑食是好事还是坏事。并且由于遗传性质的不同，个体之间的差异很大。乍一看好像很任性，但其实很多时候都实属无奈（比如有的人的基因决定了他觉得香菜是臭的）。要注意不要过度忍耐。

猫一般被认为是“挑食”的动物。

“一旦被喂了高级的食物，就再也不吃其他食物了。”

为什么小主们会有这类“任性”的表现呢？我认为，这是猫的特性使然，是无可奈何的事情。这不是性格问题，而单纯是身体构造的问题。

对于那些乳糖不耐受的人来说，牛奶对健康是没有好处的，甚至会给日常生活带来不好的影响（可能要一直跑厕所）。虽然大部分学说都主张要膳食均衡，但我们不能对此盲从，选择自己需要的食物才是最重要的。实际上，迄今为止，在我帮忙斟酌过食谱的运动员里，那些不易受伤且能力较强的选手都只吃身体必需的食物，即所谓的“膳食营养不均衡”。

但是，我想应该也有一部分人分不清“偏食”和“自己需要的食物”。即便如此，只要吃的不是有太大问题的食物，也能说是均衡饮食吧。

大部分动物都只吃一种食物。例如，熊猫只吃竹子或竹叶；考拉只吃桉树的叶子；狗的祖先狼主要吃鹿肉等反刍动物的肉，所以狗只吃那一类的肉就能生存。

换句话说，熊猫如果没有竹子和竹叶就会灭绝，考拉如果没有桉树就会灭绝，狼如果没有反刍动物就会灭绝。

但是，猫却不然。猫完成了肉食动物里最强的进化。在食物丰富的原始森林中，猫的祖先可以吃的食物有很多，包括哺乳类、鸟类、蛇、蜥蜴、青蛙、昆虫……总之，想吃什么就吃什么，所以猫是肉食杂食性动物。不过，被认为是家猫直接祖先的利比亚山猫大多在草原或半沙漠地带生活。

因此，猫科动物的身体进化成了可以吃各种类型的食物，而不太适合只吃某一种食物。因为基本上它们每次狩猎的收获都不同，有时是老鼠，有时是鸟类、蜥蜴或野兔。

在这样的进化背景下，我们养的猫不仅仅会因品种、遗传基因而口味不同，每个个体的喜好也不完全相同，所以不能一概而论。尽管我们通常会说日本的猫喜欢吃鱼，国外品种的猫喜欢吃肉，但也并非完全如此。在这方面猫与狗有很大的区别，所以我们可能会觉得给猫挑选食物是件很难的事情。

那么，在了解了这些“猫的过去”后，你还会认为“猫太任性了，某种食物今天吃明天就不吃了”吗？我想不会，爱猫的你们想必会根据猫的情况，尽可能地选择适合它们的美食。

也一定有五分钟之前还在困惑的朋友，现在这种困惑感稍有减少了吧。

但是，即使你的心态已经发生了这样的变化，而猫自身无论是五分钟前还是现在都完全没有改变。对方没有任何改变，而你的感觉和行动却改变了。这就是心理学上常说的“半杯水是多是少取决于自己”“幸福与否，由心而定”。再进一步说，可能在猫咪看来，我们人类这样强迫它们吃某些东西的行为也很“任性”。当然，我们此举是无心的，是因为不了解才会如此。看来猫吃饭这件事，竟意想不到地跟我们人类的思考方式产生了联系。来自猫吃饭的烦恼居然教会了我们这么多事情（笑）。

猫的知识 7：

外国的猫不吃鱼吗

绝大多数日本境外的人都不理解歌词“叼着鱼的小偷猫”的意思。因为猫以鱼为主食的国家在世界范围内并没有那么多。

……等等！难道猫不喜欢吃鱼？

并不喜欢。世界上只有极少地区的猫是吃鱼的。让我们来看看理由吧。

正如前文所述，我们知道猫是从各类肉中获取均衡营养的肉食杂食性动物。这其中基本不包含鱼类。猫的食性与当今世界各地家猫的祖先利比亚山猫生活在半沙漠化地带有关。干燥地区没有什么能让鱼类生存的水域，所以猫祖们也就没有吃鱼的习惯，当然也不会喜欢吃鱼。

而且，猫很讨厌水，这一点爱猫的朋友们都知道。在利比亚山猫的进化过程中，也没有吃过任何跟水有关（水里的、水边的）的猎物。而且，其他猫科动物似乎也不太喜欢吃鱼。狮子、老虎、猎豹……都没有给人什么吃鱼的印象。

因此，按照世界标准，猫的食物是肉。国外生产的猫粮大部分都是“鸡肉味”或“火鸡味”的，像日本产的“鲣鱼味”“金枪鱼味”的猫粮是很少见的。

那么，为什么日本的家猫会吃鱼呢？

这很可能是因为日本人比起吃肉更常吃鱼吧。在猫粮像现在这样普及之前，基本上人吃什么就给猫吃什么。即使是专门为猫准备的食物，也很可能是鲣鱼干之类的鱼肉加工食品。为了适应日本人的生活习惯，猫也变得能吃鱼了。

另外，在意大利、菲律宾等日本以外的国家也有猫吃鱼的地方，但都仅限于被海包围的地方。在那些地区，为了融入人类生活，猫的饮食文化也发生了改变。

根据环境的变化来改变主食，这种适应能力可以说是猫科动物的强项。由此可见，猫是一种生存能力非常强的物种。

适当的距离感，适当的安心感。
这就万事大吉！

如何克服『怕生』：猫的问候

人：我不擅长接受别人的邀请。为了和各种各样的人都更亲近，我应该更努力一点吧……

猫：珍惜自己的空间，保持自己舒服的距离感就可以了哦，喵——

喵得乐老师的话

要想和谁都搞好关系，就要为了不让任何人讨厌自己而压抑自己的真实感受。这种以他人为中心的生活方式，会失去自己的私人空间。

在与他人接触的时候，我们总是喜欢考虑：“我们到底能变得多亲密呢？”这可能是因为我们不知从何处继承了“关系和睦岂不美哉”的精神。然而，最重要的是“内心舒适的距离感”。无论是猫还是人，只有在保持最舒服的距离感时，才能建立起最好的关系。

首先，猫平时是不群居的，所以它们非常讨厌别人一个劲地靠近自己或不停地“撸”自己。在我们靠近猫的过程中，猫会在一瞬间僵住，就好像突然发现你的存在一样，一瞬间“定住”。这种距离感就是猫的“私人空间”。如果此时人还要贸然往前走，猫就会一翻身“啪”地逃走。猫非常在乎自己的“私人空间”。

如果你想要拉近跟猫的关系，不妨试试模仿猫与猫之间的关系，体验一下猫的心情。

猫在和对方“交心”的时候，有鼻子触鼻子的习惯。我们人类也可以使用这种习惯。我们可以用我们的手指来代替猫鼻子。遇到想要亲近的猫时，在它瞬间僵住的时候不要靠近，而是蹲下来和它拉近视线。然后，试着向它轻轻伸出食指。如果猫主动靠近你，鼻子“啾”地顶过来，就表示它想要跟你“交朋友”。此时摸摸它的身体，再跟它贴得近一些，大多数猫都是能接受的。

这种时候撸猫，跟猫像是被雷劈了一样僵住停下保持距离感时完全不同。有的猫喜欢跟人亲近，而有的猫则倾向于与人保持 15 米左右的距离。大体来说，那些一生下来就接触人类的猫更容易亲近我们。因为它们对人类没有恐惧感，所以会安心地靠近。

如果想要拉近跟猫的心理距离，需要注意以下三点。

不要主动靠近

如果在你靠近猫的时候猫僵住了，那你就不要再前进了，而是要观察它的动向。大部分猫都不喜欢让别人掌握主导权。因此，把距离感和亲近方式的决定权交给猫，更容易与其建立良好的关系。

不“居高临下”

猫在打架的时候为了让自己看起来更高大，有保持高视线的习惯。为了不让自己想“拉关系”的猫认为你是它的敌人，请尽量蹲下来跟它平视。

猫不过来的时候安静地看着

即使是平日里很黏人的猫也会有想要独处的时候。如果你伸出了手指而猫并不过来，那就是“下次再说”的意思。这次就放弃吸猫的念头吧。

如果猫主动靠近你，把鼻子伸到你的手指上，那就说明你们已经成为好朋友啦！可以说以后的关系会一直很好。

一旦跟你成了朋友，猫就会牢牢地记住你。因此，在不同时候见到同一只猫时，试着向它伸出手指吧。尽管如果它没有兴致的话，有可能会无视你。但是“一回生二回熟”这种事情对猫来说也是一样的。而且，即便是一开始不接受你的猫，如果你遵守猫界的礼仪，反复多次向它示好的话，最终它也会觉得“这人好像是个好人啊”，或许从此会对你改观，跟你碰鼻子。

从猫的距离感中，我们也能学到很多。

首先就是不要惹人嫌。即使是你很想亲近的对象，如果对方对你做的事情不感兴趣，也不要勉强。因为对方会觉得自己的距离感被侵犯了，从而更加坚守自己的界限。当然，也不要使用“居高临下”的视角。舒适的距离感直接关系到舒适的人际关系。初次见面的时候，请特别注意尊重私人空间。

虽然这些很容易被视为理所当然的，但是在人际交往中出现不适的时候，往往就是哪个地方的距离出了问题。为了维持长长久久的关系，保持适当的距离比什么都重要。

从今往后一直是好朋友哦。

猫的知识 8：

猫用下巴蹭人的意思

有的猫虽然是初次见面，却会凑到你的腿边来回打转，绕着你呼呼噜噜的，还用下巴蹭来蹭去。这是在黏人吗？还是在防备人？到底是哪种情况呢？

这种呼噜或蹭人的意思是："欢迎来到我家"，这是在欢迎你呢。由于每只猫对"家"的理解都不太相同，相比之下，公猫更容易做出这种举动。那么当猫咪如此主动热情地向我们打招呼时，我们该怎么应对呢？

我推荐的方法是摸摸猫的下巴。猫的下巴长有胡须的地方附近，有散发气味的器官。猫咪之间经常会通过交换气味来把对方变成"自己人"。通过那个地方散发出来的味道，猫咪们能识别"家人的气味"或是"伙伴的气味"。我们经常能够看到猫母子的下巴在互相摩擦。

没错，猫用下巴蹭来蹭去是一种"想要交换气味"的信号。如果能交换气味，猫就能安下心来，甚至还可能会邀请你去它的地盘。在之前提到的"碰鼻子"之后，如果你想跟猫进一步亲密接触，就试着跟它进行气味交换吧。

猫的嗅觉敏感度是人类的数万倍。如果想要跟家附近的猫搞好关系，就不能凭人类的感觉去尝试，试试看用猫之间的气味交换法去打招呼吧。

世界上的成功者
也好，猫的狩猎
也好，成功率都
只有 10%。

跟自己的弱点保持距离：猫与『弱点』紧密相联

人：我离完美还差得很远，我觉得自己什么都不行，做什么都很害怕。

猫：你是不是在把不做“不完美的事”当作不做的借口呢？从力所能及的事情开始做吧。

喵得乐老师的话

只要不是原则性的问题，有些小缺点就没关系。新的尝试本身就是有价值的，对于完成了新挑战的自己，要及时进行自我表扬。

“因为自己没什么才华……”

“因为自己学历不高……”

“因为自己不够可爱……”

你有没有因为这样的理由而放弃了很多事情？如果是的话，那你就陷入了所谓的“自卑情结”的陷阱。稍微冷静下来想一想，你身边认识的人，个个都很有才华吗？学历低，或是容貌不够出众就没法生活得很好吗？有一位顶级运动员曾说：“因为我压根没有什么天赋，所以我日复一日地努力奋斗，最终成就了如今的我。”“不足”带来的自卑感是成为你成长的动力还是放弃的借口，完全取决于你的选择。

当然，立于生态系统顶端的猫也不是完美的，也有自己的弱点。我们在第 80 页中介绍过猫的打招呼方式——碰鼻子。这种行为其实不仅仅代表要跟对方交朋友，还有其他意图。

当鼻子碰上的时候，眼睛自然而然也会靠近。眼睛对于生存来说非常重要，也是受外部攻击时的弱点。因为猫的眼睛非常大，所以只要稍微受一点伤，眼睛里的水晶体就会受损，从而导致失明。如果眼睛被爪子抓伤，那猫咪不仅无法捕食，还可能会有生命危险。总而言之，碰鼻子这种行为是一种在对方面前展露彼此弱点的行为，也是一种“我对你没有防备心”“我很相信你哦”之类想法的信号。

我们总以为只有完美才会被爱、被认可，才能成功，但实际上并非如此。那些被周围人喜爱的人，也有多得出乎你意料的缺点；相比之下，完美的人反而不那么受欢迎。

那些无法弥补的人格缺陷和妨碍工作的缺点确实是问题，但其他缺点却是可以原谅的，甚至有时还会成为人的某种魅力点。比起努力做到完美，在知道自己不完美的基础上，去克服困难、改正缺点更重要。

让自己在挂掉前不后悔地活着吧！

『应该如此』vs 擅长人际交往：野生价值观

人：因为大家都那么说，我只好那么做！

猫：“大家”到底是谁啊？你的人生就是你自己的，别人不能替你活啊，喵——

喵得乐老师的话

人的一生是短暂的。在有限的生命中，我们必须要好好思考如何过一个不后悔的人生。最宝贵的时间，要根据自己的意志去支配，这比什么都重要！

想跟自己的爱猫长长久久地生活在一起，所有铲屎官都会有这样的愿望。

但是，猫的平均寿命大概是多长呢？

流浪猫的平均寿命是三岁，最多四岁左右就会死亡；家猫的平均寿命为 15 岁左右。

这里家猫的平均寿命，是取完全养在室内的猫和会进出家门的猫的平均值。因此完全养在室内的猫可能会活得更久一些。先是以平均寿命 15 岁为目标，然后是 16 岁，最终以 20 岁以上为目标。

我家里养的真央，虽然是自由出入家里的，也活了 22 岁，而且我在真央之前养的猫也活了 20 岁。22 岁用人类年龄去换算大概是 117 岁（18+4.7 × 21）。

人类理所当然地认为“长寿是件好事”。日本从 1950 年开始，平均寿命就一直在增加，从进化的角度来看，这是相当特殊的现象。在地球 38 亿年的历史进程中，很多生物为了物种的生存而缩短了寿命，而人类却在不断地延长寿命。

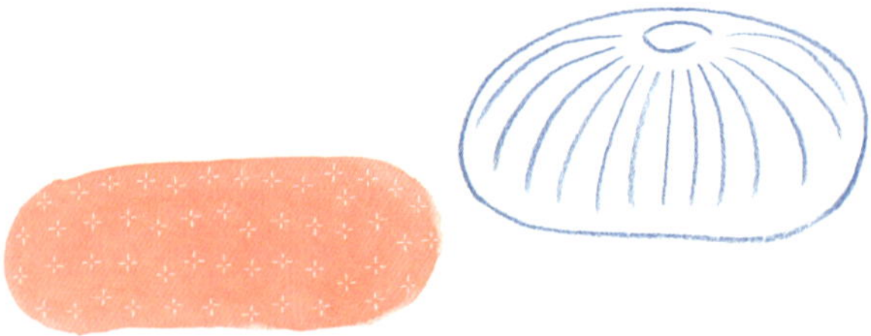

缩短寿命能让物种更容易存续，这看似矛盾，却是不争的事实。

例如，蟑螂一年能“更新换代”三次以上。它们在出生时，下一代就已经孕育在自己的屁股里了，而且一次的产卵量也很大。在这些子子孙孙里，只有那些能适应环境的个体才能生存下来，并延续整个物种。对于这样的世代交替循环而言，“全球变暖”之类的环境变化基本上不算什么问题。换句话说，如果气候变暖，那些能适应炎热天气的个体就会生存下来，并将基因传递下去，而那些无法适应的个体则会被淘汰，这就是一种应对环境变化的方式。

如果半年后地球上紫外线量突然激增 10 倍，那人类的生存就会变得相当困难，而蟑螂中出现能适应这种环境个体的可能性要高得多。

由此可见，对于物种来说，“寿命短”“世代交替快”是非常重要的。人类对于“长寿”的执念，还有日本人的晚婚晚育，其实在进化过程中是很少见的。

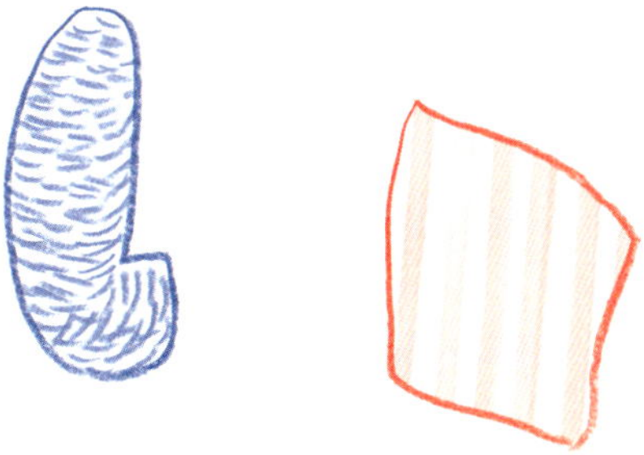

包括猫在内的大多数动物都是在出生半年后或者一年内发育成熟，并迅速繁殖，进行遗传基因的传递。但是人类长大成人大概需要 20 年（除了人类，大象也是成熟较晚的动物。大象的性成熟大概是在出生 10 年后，第一次生育还要再过五年）。在这一点上，人类与其他生物也有很大的不同。

我想，这种现象想要传达给我们的信息很简单：“对人类来说的常识，对人类来说重要的事，可能对其他生物来说并不尽然。”因此，以我们的标准来说的“好”，或许对别人来说并非如此。

这样的例子有很多，其中一个例子与澳大利亚大蛤蟆有关。澳大利亚一直苦于农田里的害虫，为了杀死害虫，从美国引进了吃害虫的大蛤蟆。

但是，后来在澳大利亚却发生了下面这种情况。害虫并没有减少，而大蛤蟆却大量繁殖。并且，由于大蛤蟆本身带有毒性，导致当地吃了这些大蛤蟆的猫和狗等动物死亡，一时之间给生态环境造成了非常恶劣的影响。就像这种人类以为的“好”，很可能会给其他生物带来灾难。

停止用人类的标准去思考问题，如此练习一段时间后，或许就能理解以猫为代表的动物的心情了。

猫的知识 9：

去除衰老基因的方法

关于猫科动物的寿命，有一些不可思议的发现。

例如，我们在对流浪猫的研究中发现，普通流浪猫的平均寿命是 3 岁左右，但在自然界中也有能活 10 岁左右的猫。而且，这类长寿的猫并不少见，占了相当一部分比例。

明明平时吃的东西和生活习惯并没有什么大的不同，但有些个体就是出奇地长寿，而且能比平均寿命超出几倍，就那样“平淡无奇”地活着。仔细想想，是不是有点不可思议呢？

这也是遗传基因的特技之一。如前所述，猫科动物是原始森林中的上等生物。它们拥有的遗传基因非常优秀。因此，我们有时能观察到与平均寿命不符的现象。

而且，像这样超越平均寿命长寿的猫，一般情况下都是猫首领。猫科动物取代了恐龙的地位，成了王者级别的优秀物种。因此，在拥有“在一定时间内进行世代更替”系统的同时，它们或许也拥有“突出的首领能长寿”的遗传基因。

这种超越平均寿命获得长寿的特性并不是只有猫科动物才有。事实上，在鸟类身上也能看到同样的现象。

鸟类也是有平均寿命的物种，例如花雀大概是四岁，红雀大概是两岁半，禾雀大概能活到六岁。我养了足足 30 只花雀，在给予它们足够的维生素和营养，让它们进行必要的运动的情况下，时常会出现寿命翻倍的个体。生物界有些个体真的能破除基因中的寿命开关。

我们在街头随处可见的麻雀也不例外。麻雀在自然界的平均寿命只有两岁，大概每 10 只麻雀中只有 1 只能成为鸟妈妈。但是，在这样的情况下也存在长寿的麻雀，其大概能在自然环境中存活 10 年，超出平均寿命 4 倍，这相当于活了 400 岁的人啊！这样想来，鸟类的平均寿命好像是个比较灵活的概念。

遗憾的是，就寿命而言，人类的基因并没有那么灵活。饮食习惯再好，人类也没有办法一下子把寿命从 80 岁延长到 160 岁。这一类的记录，确实一件也没有。所以我们可以认为，人类的寿命与遗传的灵活性并没有多大关系。

别人的缺点，再怎么关注也不会转化成自己的优点哦。

平息愤怒的方法：猫的生存战略

人：一看到不道德、不恰当的行为就忍不住怒火中烧。

猫：虽说确实是不好的行为，但是对于别人的事不妨豁达一些，喵——

喵得乐老师的话

阿德勒心理学的核心思想是“自我启发”，那些失去勇气的人会不自觉地做出让周围人也失去勇气的言行举止。不要落入他人挫伤你勇气的陷阱，幸福地生活就是最有力的反击。

只要做了一点有违社会常识的事情，就会被人说三道四。在阿德勒心理学中，那些失去勇气的人会不自觉地做出让周围人也失去勇气的言行举止。其中最具代表性的举动就是“吃醋”“嫉妒”和“过度批评”（如果你有这样的上司或同事就太糟糕了）。

对于这个问题，我想再谈谈物种的多样性。

你可能不知道，猫采用的是“一妻多夫”制！这是怎么回事呢？

对于刚刚生下来的奶猫的颜色和花纹，难道没有人犯嘀咕：“咦？为什么猫爸猫妈都是白猫，生下来的一窝奶猫里却混进了一只虎斑猫？或者为什么一只奶猫一个样？”这并不是因为发生了基因突变，而是因为奶猫里混入了其他公猫的基因。

猫的繁殖方法跟人类有很大的不同。

首先，猫平均一胎能生出四只左右的猫宝宝。而且，一次分娩会同时产下多只公猫的幼崽。是的，你没看错，就是猫爸爸不止一位。

母猫到了发情期，子宫里会有不止一颗卵子。这些卵子会在不同时间产生并与不同精子结合，也就是说母猫能同时怀上多只公猫的幼崽。

假设有白猫、虎斑、花猫三只品种不同的公猫，其中最强壮的是白猫，那么母猫所生下的六只奶猫中可能会有四只白猫，另外两只分别是虎斑和花猫。如同这个例子所表现出的，强大的雄性的基因也更容易流传下来。

也许有人会对这种繁殖方法感到不适，但是采用这种繁殖方法的并非猫一个物种。即便是像进化中的优质物种——鸟类，尽管一直过着“一夫一妻”的生活，但雌鸟所生的鸟宝宝中偶尔也会混入一两只其他雄鸟的孩子，就是这样的。那为什么猫和鸟会进化成同时生出多个雄性的后代呢？

这是为了避免物种灭绝。

让我们以老鼠为例试想一下。有一种由利什曼原虫引起的传染病，将这种传染病的病原微生物分别注入携带遗传系统 A 和遗传系统 B 的老鼠体内。然后，携带遗传系统 A 的老鼠出现了发热症状，而携带遗传系统 B 的老鼠却没有。那么哪类老

鼠能存活呢？答案是携带遗传系统 A 的老鼠。因为发热其实是一种身体由于感受到异常而提升自我免疫力的状态。因此，携带遗传系统 A 的老鼠感受到了进入体内的病原体有问题，并与其对抗，最终生存了下来。而无法感受到这一切的另一类老鼠全部死亡。

如果老鼠界大规模感染利什曼原虫病，而且它们真的分别携带 A、B 两种不同的遗传系统的话，那么即使 B 类老鼠全军覆没，A 类老鼠也能将物种延续下来，从而使物种避免灭顶之灾。

同样，无法应对利士曼原虫病的 B 类老鼠，却能够应对 A 类老鼠无法应对的其他病原体。这样一来，不同的遗传系统混合在一起，就能避免整个物种的灭绝。这种遗传系统不仅能够用来应对病毒，还可以用来适应周围环境的变化。

如果母猫一胎生下的六只奶猫来自同一只公猫，那么一旦遇到什么恶性传染病，这一窝猫就有可能“团灭”。为了防止这种可怕情况的发生，母猫会同时产下多只公猫的孩子。

那么母猫是如何识别不同类型的公猫的呢？关于这一点，我推测它们是通过闻公猫的气味来进行的。“打架厉害”“抗病毒能力强”“环境适应力强”等应该都是母猫选择公猫要考虑的因素。

猫的“一妻多夫”制是为了避免物种灭绝，也是为了保持遗传基因的多样性，或者说是为了应对环境的变化。而遗传基因的多样性又直接关系到物种强大与否。换言之，越是积极进化的物种，越渴望保持基因的多样性。

我并不是在说“为了追求物种的多样性，人类也应该像猫一样，施行一妻多夫制或者一夫多妻制！”或者“出轨和劈腿都是必需的！”人类可是高级动物，请注意不要脱离社会规则。

人类是能够通过学习和努力来提升大脑智力，从而适应环境并生存、繁殖的生物。这样的遗传基因在生物学上被称为“迷因”。人类拥有大且灵活的大脑，能够通过思考和行动来获得美好的东西，还能吸纳新的信息。因此，人类也进化了“迷因”，会追求幸福。本书所介绍的喵得乐老师的话也有助于将其改写成更优秀的迷因。

因此，在对待他人的时候，应该更加灵活，而不必那么挑剔。

再者说，因为积累经验、学习和挑战新事物是我们人类的强项，所以我觉得日本人在结婚、离婚等问题选择上可以更豁达一些……当然这只是我个人的态度。

3

从“匆匆忙忙、每天都太过努力”中解放出来

Adler & cat
Psychology

被人夸奖，真的有那么重要吗？

夸奖与期待：猫出人意料的真心

人：为了不辜负周围人的期待，我一直在努力着。

猫：比起迎合对方的期待，更重要的不是你自己吗？

喵得乐老师的话

太在意别人的评价或夸奖，不仅无法得到想要的评价和夸奖，还会难以感受到幸福。你的人生是你自己的，不管是幸福还是人生的优先顺序，都只能由你自己决定。

前几天，我在电视上看到了一个关于“狗和猫，谁对主人更忠诚？”的实验。实验使用了两个装有食物的碗，其中一个碗中有大量食物，而另一个碗里只有少量食物，但主人是站在后一个碗旁边的。待准备好之后，主人们分别叫自家猫或狗的名字，大家可以猜猜，各位猫狗到底是会选择大餐还是主人？

在实验中，大多数狗都会迅速跑到呼唤自己的主人那边，而猫则会去食物多的那一边。我记得最后节目组得出了“果然，狗比猫更忠诚，也更聪明”的结论。

即便如此，我还是断言猫跟狗一样聪明或者比狗更聪明。这并不是因为比起狗，我更喜欢猫（我也很喜欢狗）。因为实际上，猫是一种非常不适合做实验的动物。为什么这么说呢？我们揣测一下猫的感受就会明白：

- “为什么一定要参与这种实验呢？”
- “为什么我一定要迎合人类的期待呢？”

…………

猫是会有这一类的疑惑的，它们跟老老实实接受实验的狗和人是有很大区别的。

因此，这种“冒昧”的实验无法真实地测试出猫是否真的在主人和食物之间选择了食物。一般情况下，在陌生环境中，猫可能会对呼喊自己名字的主人产生戒心，从而不敢靠近。还有一种可能是，它们识破了实验的意图，从而故意辜负了期待——“就是不陪你们玩儿”。

对于通过出其不意的手段成功狩猎，实现种族繁荣的猫科动物来说（详见第 29 页），这么做应该不是什么稀奇的事。由于具有故意不顺应期待的智慧，所以难以预测……这也是猫的聪明之处。

在这一点上，人类真应该向猫学学。如果觉得顺应别人的期许很难，就没有必要去迎合。

我在上初中的时候，立志进入农业高中，也早早地把这个想法告诉了父母和班主任。但是在最后的考试季，周围的大人们都劝我去偏差值更高[①]的学校。当时，我对于食言的父母和支持他们的老师非常生气。特别是，我深刻意识到对老师来说，所谓的“认真考虑每一个学生的未来，帮助他们规划未来”仅仅是说说而已，结果还不是根据成绩来给学生分配学校。

说起来，在这种情况下，你们会怎么做呢？

① 日本高中学校的综合教学、升学能力通常是由学校的偏差值来衡量的。偏差值越高的学校越好。——译者注

或许大家都觉得高中无论如何都要上个偏差值高的学校，到了大学再选择自己想要走的道路。但是，我一直被父母叮嘱“考大学一定要考国立大学”。然而我是那种对自己喜欢的事情一片丹心，而对不喜欢的事情决不妥协的人。我根本不想去国立大学，所以我在考试的时候故意空了几道题，让自己的成绩刚好能去心仪的学校。现在想想，觉得自己真是个冲动任性的小鬼（笑）。但是当时的我认为，这是既不伤害自己的自尊心又不给其他人带来困扰最合理的方法。

后来，面对父母和老师的“威逼利诱”和苦口婆心，我也没有让步。为此，万分苦恼的老师为了了解我想去的高中的推荐资格，还专程拜访了兽医老师，也就是我至今都非常尊敬的恩师国谷宽老师。

我之所以想成为兽医，之所以能有今天，多亏了国谷老师。如果不是遇上国谷老师，我或许就不会成为兽医。人生真是不可思议啊。

大多数情况下，我们都会因为辜负了周围人的期待而感到痛苦（当然我自己也是如此）。但是，如果一直这样按照他人的价值观生活，那不管年纪多大都算不上成熟。

在这一点上，猫是自由的，完全没有想要得到做实验的人的表扬，更不用说在意他们的评价了。猫有自己的人生（猫生），它们懒得去揣摩实验者的想法，更不会为他们而活。如果这么傲娇、毫不在意他人意图的猫还吸引了你，那你或许可以反过来思考一下自己是不是也可以这么做。

当为了迎合别人的期许而痛苦，快要失去自我的时候，请试着从猫的角度重新看待问题吧。“我真的有必要顺应他的期待吗？”“我想回应这份期待吗？”试着问自己这些问题，或许会为你打开一扇通往新世界的大门。

猫的知识 10：

跟你关系好不好是由遗传基因决定的

我们就那么理所当然地养猫和狗，但从生物的角度看，这是非常不寻常的。我想除了人类，没有其他动物会饲养异种动物。

然而，并不是所有的动物都能被饲养。对于异种动物来说，既然有“亲人的动物”，就有“不亲人的动物”。

与我们所饲养的家猫在遗传上几乎没有差异的欧洲山猫亚种就是如此。即使是从小养到大，欧洲山猫对人也不会亲近。实际上，像这样的生物都携带有“无法亲近异种动物”的遗传基因。这种基因有时会作用于整个物种，有时虽然会限制物种，但是在个体层面会产生很大的差异。

我们偶尔也会看到一些新闻，例如动物园的饲养员遇袭，或是被当作宠物饲养的动物跑出家门袭击了邻居，等等。无论怎样悉心照料，那些无法跟人亲近的动物就是“养不熟”。

这个问题并不仅限于哺乳动物，鱼类和鸟类也是如此。我曾经从幼鱼时期开始养斑鲅鱼，其中有一只叫太郎的鱼非常亲人，我一拿着饲料过去它就会靠过来，换水的时候手碰到它它也不会不耐烦。但是另一只叫次郎的却一点也不亲人，我一靠近，它就会躲到水槽马达的阴影处，仿佛在说："看不见我，看不见我！"同样是斑鲅鱼，对人类的亲和性有很大的个体差异。

想必大家都有过一靠近池塘就围过来一群鲤鱼的经历吧。在鱼类中，鲤鱼是特别容易亲近人类的物种。养鲤鱼的文化流传至今也正因如此。但另一方面，不管人类怎么努力，鲫鱼都还是不怎么适应人类。

还有，鹦鹉、鹦哥之类的鸟都已适应了人类，但十姊妹鸟却被认为是一种很少能亲近人的鸟种。

在我们想要饲养某种动物之前，或许应该先思考一下这个物种是否比较容易跟人亲近。

在绕远路中，也藏着人
生的幸福。

效率有那么重要吗：享受绕远路的方法

人：向着目标全速直线前进。

猫：这么着急是要去哪？在通往终点的道路上，有很多快乐的事情呢，喵——

喵得乐老师的话

人生不仅仅是为了到达目的地，通往目的地的旅程，才是人生。

在测试动物智力水平的实验里，我们经常会看到穿过迷宫寻找食物的实验。实验表明，狗、猴子和老鼠都会朝着食物一条直线走到底。人也是如此——懂得用最近的距离、最短的时候获得奖励。

然而，对于猫来说，尽管也有很多会沿着直线直奔食物，但也有相当一部分猫是不走直线的——它们会在途中故意做“假动作”：站着半天不动、磨磨蹭蹭，或是来来回回地转悠。还有那种一脸无辜地在一边滚来滚去的（笑）。

然而，就在你视线离开的一瞬间，食物就消失了……这就是猫的做派。

正是由于这种属性，猫儿们无法在“最短距离、最快入手”的实验里拔得头筹，真是太遗憾了。

但是如果从哪种动物能享受实验本身的乐趣来看，猫毋庸置疑会一跃高位。不是径直朝着目标选择最短的路线飞奔前进，而是这里绕一绕，那里转一转，可能心里还会对其他动物犯嘀咕：“跑那么快干吗呀？”

对于猫来说，只要最后能拿到食物就够了，它们理解不了为什么其他动物总是那么着急忙慌的。

我自己也是学习猫样生活的人之一。现在，我也能学着像猫一样，享受绕远路的美好（笑）。50岁的我现在在海外进行动物营养学和野生动物的研究，虽说远不及猫，但我想，如果余生都能像猫那样绕绕地走下去，应该会很幸福吧。

猫睡觉时的姿势是它的自然状态。

你的自然状态是怎样的呢？

高质量的休息：猫总是保持自然状态

人：别人都在努力，只有自己在休息，不知道别人会怎么想。

猫：不要为了迎合别人而勉强自己，也不要因为他人不努力而焦躁哦，喵——

喵得乐老师的话

如果你的休息让别人感到不快，那有问题的是对方。如果你需要休息，那就休息好了。基本上，别人的问题是别人的事，自己的问题才是自己的事（问题分离）。直面自己的问题才最重要。

我们似乎不擅长分离思考（不比较，而是实事求是地看待事物本身）。我们在谈论猫和狗时就体现了这一点。说来也怪，我们会将身体构造完全不同的猫和狗进行比较，一开口就是“猫更……”或是“狗更……”。

例如，有人会说“猫总是懒洋洋的，比狗懒多了”，但猫跟狗的身体基本构造是完全不同的。相比之下，狗的身体是以“保持直立”为前提运转的，而猫的身体是以“强大的爆发力带来高速移动＋其他时候放松”为前提运转的。

顺便说一下，人类的骨骼也是以保持直立为前提构成的。人类的骨骼是从脚底开始，一节一节地堆叠而成的。因此，身体站立的时候才是人类本来的姿势。坐着的状态实际上会增加身体的负荷。久坐就会腰痛就是因为腰间承受了太多的负重。狗不爱坐着也是同理。

另一方面，猫身体里骨头跟骨头的连接比其他哺乳动物的更柔软。打个比方来说，就像弹簧或橡胶一样。弹簧和橡胶都太软了，所以很难一直保持直挺形态。猫的身体也是如此。对猫来说，直立的难度不亚于人类的全身运动。如果长时间勉强保持直立，它们就会产生像人跑完马拉松之后的那种肌肉酸痛感。

“猫只要头能钻过去，身体就也能钻过去。”

“猫即使头朝下或者背部朝下从空中落下，也是脚先着地。”

…………

类似这样的场景并不少见。与猫的身体能力相关的特性，除了骨骼结构柔软外，其肌肉、关节、韧带、肌腱等部分也很柔软，与之相伴的血管等也具有高可动性。

因此，同样是睡觉，对人和猫的意义是完全不同的。对猫来说，睡姿是一种很自然的姿势。

虽然人与人之间的差别不像人与猫之间那么大，但也是客观存在的。尽管如此，我们还是会有意无意地把自己的想法投射到他人身上，随意揣测他人的想法或是曲解他们的意思。

“我今天上班请假了，A 会不会讨厌我啊……”

“我挑战新的项目，好像被 B 嫉妒了……”

我们无法得知 A 是不是真的讨厌自己，或者 B 是不是嫉妒自己。并且，即便那些事都是真的，也是 A 和 B 的“课题”，跟我们无关。在这件事情上，我们的“课题”或是根据自己的身体状态做出“休息”的选择，或是挑战这个梦想中的新项目。一味纠结于别人的“课题”，会错失自己的“课题”。

就像猫和狗不能相提并论一样，你和他人也不能相提并论。请把自己的问题和别人的问题分开思考吧。

重要的是了解自己的身体、心理以及脑神经上的特征，要明白对他人有益的事情未必对自己有益。无论是养生方法、工作方式、饮食还是人际关系，都是如此。请记住这一点。

猫的知识 11：

水虽然很讨厌，但是也很重要啊

想给猫洗澡，结果却被它抓得遍体鳞伤。这种情况你遇到过吗？没错，猫最讨厌水了！猫不需要洗澡，甚至有些猫会因受惊过度亢奋而死！水真的是一种恐怖的存在！猫之所以讨厌水，是因为它们是从没有降雨的沙漠里进化而来的。即使是沾上一点水，猫也会马上舔个干净。

另外，身长接近 1 米，世界上最大的猫——缅因猫，是从积雪深厚的寒冷地带进化而来的。它们身上的长毛就是用来包裹皮脂并弹走水分的，本来就具有避水的性质。

可能是因为猫如此讨厌水吧，水分不足引起的泌尿系统疾病在它们身上非常多见，例如因尿量少而形成结石或便秘。有的猫甚至会患上危及生命的巨大结肠症，也是因为摄入的水分不足。

猫对水的讨厌是代代相传的，家猫的祖先利比亚山猫也不会咕噜咕噜地喝水，而主要是通过食物（猎物）来获取水分。

现代的家猫也继承了利比亚山猫的这一习性，但在过去，这样做并没有太大的问题。因为它们吃的是所谓的“猫饭”

（在冷饭上浇上味噌汤）。猫饭的水分含量为 60~70% 左右。这和它们狩猎得到的猎物几乎一样。

当猫饭被猫粮取代后，猫就无法从食物中获得必要的水分了。就像猫粮的名字“×× 干”一样，其水分含量只有 10% 左右，这几乎就是不含水。于是猫儿们只好从水缸里吧唧吧唧地喝水，但由于它们本来就不擅长喝水，喝不了很多，因此就总是缺水。

如果你养的猫泌尿系统比较弱的话，建议不要只喂食干的食物，也要喂一些含水多的罐头。有一些猫确实是只靠吃罐头就把身体调理好了（但是日本销售的干猫粮比罐头营养更均衡，可以考虑干粮湿粮混合喂养）。

而且，猫的嗅觉也很敏锐，如果厕所和饮水处离得很近，它们就不会喝水。而且它们很快就会忘记自己“很渴”，所以尽可能在家里准备三个以上的饮水处，然后一天换两次水。

在水的问题上，猫真的是太敏感了！

呼噜呼噜~

如何纠正负面思维：猫的口号

人：无论何时都会下意识地想得很消极。

猫：通过积极的口头禅或口号去改变自己的习惯和性格吧，喵——

喵得乐老师的话

对着镜中的自己反复唱能让自己鼓起勇气的歌吧。只需要五分钟，你就能改变自己。

猫的“懒洋洋”除了是“身体需要”外，还有非常重要的作用。实际上，猫的犯懒被认为是在治愈身体不好的部分。

还有，猫躺着时，喉咙里会发出“呼噜呼噜”的声音，这是在通过“振动”调节自己的身体。据说“呼噜呼噜”有降血压、调整心率以及减压的效果。

猫不仅在维持自己的身体健康时会使用“呼噜呼噜”法，在积极接受治疗时也会使用。例如在骨折的时候，“呼噜呼噜”引起的振动可以改善骨折部位的骨骼附着状况，提高骨骼的免疫力。

当然，猫的“呼噜呼噜”不仅为自己，有时也是为了主人。养猫的你是否有过生病的时候被猫依偎在身旁的经历？有一位女性朋友告诉我：“小时候，虽然我的猫跟我一点都不亲近，但在我肚子痛得直哭的时候，它还是会呼噜呼噜地依偎到我身旁。”那个时候的猫，是想把自己的呼噜声产生的振动传递给家人，以此来治愈他。

当你家的猫轻轻地靠过来在你身边呼噜呼噜时，请试着注意一下自己的身体状态吧。“你是不是累了？”“我会治好你的？”或许这就是你的小可爱的小心思。

顺便一提，猫的“呼噜呼噜”在人身上对应的反应大概是“积极思考，自我启发”。

阿德勒的理论后来被心理学家阿伦·贝克继承，并确立为认知疗法，之后发展为积极心理学。倡导积极心理学的马丁·塞利格曼告诉我们，（积极的）心理状态具有各种各样的效用。

某位奥运奖牌得主曾有一句名言：“我想表扬我自己。”这句话正是自我启发的典型。这句话并不是因为获得了奖牌才说出来的，一定是从练习的时候开始，就一直对自己说的吧。而且，我认为也正是因为平日里的自我启发，他才能在奥运会这样的世界大舞台上获得奖牌。

这样的自我启发能够产生非常大的效果，所以如果你不知道该从哪里开始学习阿德勒心理学，我建议你就从这里开始。这或许能对你的人生产生长久的积极影响。

平时很努力的人，可能会不由自主地鞭策自己。但是，一直这样的话，会很累的。

一直以来神经紧绷的你，不妨偶尔像猫一样，试着去犯下懒，同时夸奖一下一直努力的自己。这就是阿德勒心理学的入口。

喵得乐老师推荐的口号歌

继续前进！前进！！前进！！！（但是不要焦躁）

已经赢了！已经赢了！！已经赢了！！！（输了也不要紧）

顺顺利利！顺顺利利！！顺顺利利！！！

不要紧！不要紧！！不要紧！！！

感觉不错！感觉不错！！感觉不错！！！

绝对有利！绝对有利！！绝对有利！！！

机会！机会！！机会！！！

好幸运！好幸运！！好幸运！！！

比想象中的感觉更好！感觉更好！！感觉更好！！！

顺利进行！顺利进行！！顺利进行！！！

自己做做看！自己做做看！！自己做做看！！！

这样就很满意了！健康！！顺利！！！

快乐！快乐！！快乐！！！

幸福！幸福！！幸福！！！

猫的知识 12：

猫的真心从这里流露

猫看起来总是懒洋洋的，一幅很放松的样子。但是，躺着并不意味着猫一整天都在放松状态下。

特别是那一对猫耳朵，无论何时都在工作，一有风吹草动就会动起来。可见猫随时都在做着准备。即使正懒懒地躺着，但一旦有什么响动，就会“嗖”地起身往那个方向看去。

我来介绍一下我朋友养的串串公猫玛隆。玛隆有个特点就是非常讨厌成年男性。比方说，朋友家里有男性访客的时候，那个人刚按响门铃，玛隆就会迅速躲起来，并且在那人离开之前绝对不会出来。那位男士再爱猫，再想见玛隆都无济于事，总之无论如何都是不会出来“接客”的。

其实，玛隆之所以能做到这一点，是因为猫发达的听力。据说人类能听到的声音范围约达两万赫兹，但猫最少能听到九万赫兹左右的声音。如果听不到这种频率的声音，它们就听不到老鼠的叫声（我们能听到的“吱吱”声，是老鼠发出的声音中频率非常低的一类，高频率的声音我们是无法听到的）。

玛隆在我们察觉之前就已经听到了客人的脚步声，并且还能从脚步声中判断是男是女，在那人进门之前就藏起来。这种能力是非常惊人的。

当然，这种能力在玛隆懒洋洋的放松状态下似乎也能发挥出来，也就是说，它随时做好了行动的准备。

猫在懒洋洋的状态下还能做到这样一件事：它们在睡觉的时候，看似睡得很熟，但其实经常“做梦”。而在梦中，它们一般会“练习狩猎”——看起来是在熟睡，但脑中却在上演各种“战争大片”，为关键时刻做准备。

也许你遇到过一边睡觉一边发狂的猫，这个小可爱的身体一定是随着梦而动的吧（笑）。

这种时候，如果你傻傻地伸手去“撩”它，被爪子抓伤了可就糟了（第 146 页）。且得注意呢。

摸鱼也是工作的一部分。

巧妙地转换心情：猫的脱困法

人：只有工作才能让我感到充实，一休息我就会感到不安。

猫：偶尔偷个懒也是很重要的。那些能张弛有度，在努力和放松之间保持平衡的人最厉害，喵——

喵得乐老师的话

在教育情境中被广泛应用的阿德勒思想（独立、与社会和谐、能做到的感觉、培养伙伴意识），也应被用于“自我教育”。把握自我和社会之间的平衡很重要。像说口头禅那样跟自己对话（口号歌），就能改变思考的基础（图式）。

忙碌的我们看着整日或是放空自己或是睡觉的猫，不自觉地会心生羡慕。

“好想像猫一样活得舒舒服服地！”“猫很轻松，真好啊。”大家也会不自觉地这样想吧。

这也难怪，因为日本人的平均睡眠时间非常短，根据厚生劳动省的“平成 29 年国民健康和营养调查”，能够确保理想的七小时以上睡眠的人非常少。71% 的男性和 75.5% 的女性睡眠时间不足七小时。在 40~50 岁的年龄段中，约有 11% 的人睡眠时间不足五小时。在这种情况下，看到猫就会不自觉地觉得“真好啊”，也是无可奈何的事。

但是，猫整日懒洋洋，睡眠时间超过人类是有原因的。事实上，除了骨骼的原因之外，猫还有其他必须躺着的理由。

如果突然问你“猫都吃什么”，你会想到什么？如果让你列出几种食物的话，你可能很快就会

想到“老鼠”。

正如我在第64页中所说的那样，人类能吃的食物种类比猫多。但老鼠却是个例外，它是一种典型的猫能吃，但人类却不吃的动物。

那么，为什么我们不吃老鼠呢？这是因为老鼠身上带有很强的病原体，因此人类连碰都不能碰它，更不用说吃它了。有时仅仅是饲养老鼠就能让人出现类似抑郁的症状。兽医专业的我曾有过类似的经历，研究人员也都知晓这类体验。为了种族的繁衍，老鼠这个物种常常携带能引起免疫异常之类疾病的有害物质。

但是，猫在进化的过程中，掌握了不亚于老鼠的能力，那就是猫特有的代谢和免疫能力。

所有动物在生存过程中都会进行代谢活动。代谢不仅会产生能量或力量，还能分解对身心有害的物质。而这种代谢活动就是在猫睡着的时候进行的。

首先，我们来详细了解一下能量的代谢。

假如我们一天摄取2500千卡的食物，成年女性会消耗掉其中的1200千卡，而成年男性会消耗1500千卡左右，作为基础代谢。所谓基础代谢就是人睡觉时消耗的能量，是保证内脏活动、维持生命活动所必需的能量。

在基础代谢的基础上，运动和使用肌肉能够加快代谢的速度，消耗更多的热量。对于减肥的人来说，运动是必要的，这不仅是为了消耗热量，还为了通过运动锻炼肌肉，提高代谢率。

而猫的能量代谢方式与我们人类完全不同。研究表明，猫即使是懒懒地瘫着，也能在食物的消化过程中调节代谢的快慢。如果吃了有毒性的食物，猫的代谢速度就会加快。也就是说，即使是在躺着，猫的身体状态也接近人类全力疾驰的状态。这是全体猫科动物都具备的能力。

能提高猫身体代谢能力的食物就包括老鼠，还有我们之前介绍过的卷心菜。为了提高自身的代谢能力，猫会对自己进行“高强度训练”——故意去吃有害的东西。

分解进入体内的毒素与免疫活动竟然都是在看似睡着的状态下进行的。针对猎物体内有害物和病原体微生物进行的消化和解毒活动，也是在睡觉的状态下进行的。同样吃老鼠的猫头鹰似乎也有相似的身体机能。

猫似乎永远都是一副悠闲放松的样子，但你也可以认为它们是在专心进行有害物质的中和工作。看似无所事事，体内可是在进行着重要的活动呢。猫不需要散步，也是因为它们不同于狗，不怎么需要运动代谢。如果吃了对身体有负担的东西，它们躺着就能代谢掉，而且还能增强免疫力——它们不需要运动。

对于为了减肥而要每天运动的我们来说，应该会很羡慕吧（不过比起要吃老鼠，我想还是运动比较好）。

不用说，人的睡眠是不具备猫那样的代谢功效的。那么，这是不是意味着我们少睡一点也无妨？当然并不是。

人类也有只有在睡眠中才能做的事情。那就是身体的更新、大脑内垃圾的清除以及记忆的巩固。

无论是大人还是小孩，在睡觉的时候都会分泌生长激素。生长激素不仅能促进“生长”，还承担着我们皮肤和内脏的再生工作。另外，我们也知道，只有在睡觉的时候，人才能排出积存在大脑中的废物。将记忆固定化的工作也是在睡觉的时候进行的。因此，人类需要七个半小时的睡眠，据统计，睡眠时间在七个半小时左右的人最长寿。

听了这么多细碎又复杂的小知识，你有没有稍稍感到困意来袭？一些时候，试着像猫那样瘫瘫沙发、混混日子吧。

不用担心，即使是在睡着的时候，你的身体和大脑也在进行着重要的工作，所以时间绝对没有被浪费。

4 直面“对未来的不安”

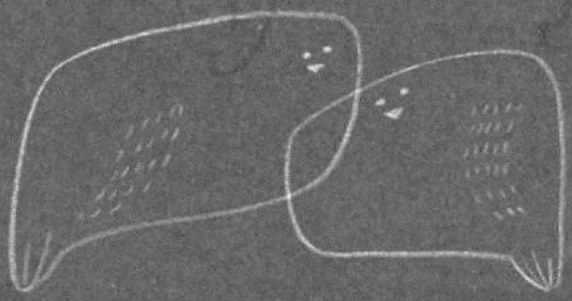

Adler & cat
Psychology

乍一看是失败……

但回过头来看，或许是成功不可或缺的要素！

不要害怕失败：猫向往未来

人：因为很在意过去的失败，所以面对新的挑战就会踌躇不定。

猫：你是在用过去的失败作为不接受挑战的借口吧，喵？

喵得乐老师的话

过去和他人都无法改变，但我们可以改变对过去事件的处理方法。是陷在过去失败的创伤中，还是用其来指导接下来的行动，取决于你的选择。

阿德勒心理学的立场不是“原因论”，而是“目的论”。所谓“原因论”，就像第 143 页所描述的女性的烦恼一样——“因为过去的失败（原因）而无法再接受挑战”。我们常常会陷入这种思维方式，比如我们会因为觉得自己不够可爱，而不向心仪的另一半表白。

但是，同样是“不表白”这件事，不拿原因当借口，而仅仅考虑我们达成了避免表白风险的“目的”，这就是阿德勒心理学所说的“目的论”。换言之，无论以何种原因或理由去回避风险，都达到了“回避风险”的目的。

因此，只要拥有积极的“目的”，即使是“过去的失败”也会变成积极的因素。

“利用过去的失败，（为了成功的目的）去挑战一下吧。”

“为了不重复过去的失败（这个目的），去挑战一下吧。”

就是这样。“我想去表白（这一目的），所以我要变得更可爱”。上面的例子就会转变成这种思维方式。

在狩猎中，看起来总是“失败”的猫科动物们，对于失败有一种强烈的“耐受性”。能够成为动物界的王者君临天下，不是没有理由的。事实上，猫科动物并非每次捕猎都很完美，但也绝不是屡战屡败。仔细观察的话，我们可以从中看到支撑其生存的顽强精神。

在一些纪录片中，我们经常能看到猫科动物捕猎的场面。看到这样的影像，连我都觉得浑身紧张。

在草原上用尽全力疾驰的猎豹（时速约为 100 千米），前方有一头全速奔跑的黑斑羚（类似鹿的草食类动物，时速约为 60 千米）。两只动物的距离越来越近，就在猎豹的爪子快要碰到黑斑羚屁股的时候，就差那么一点点……就在那一瞬间，猎豹不知为何突然就放弃了，就那样停在了原地。肯定会有人对这一切感到很愕然。

如果再努力一会儿，猎豹大概率还是能抓到黑斑羚的，那为什么它突然放弃了呢，难道猫科动物真的没有“毅力”吗？

大家在养猫的过程中可能也遇到过类似的情况。飞进家里的小虫子，你本以为猫扑过去能捉住它，但下一秒它似乎就“啊，算了”……然后很“自然”地离开了。

这种时候，我们或许能听到主人说“哎！真的不再努力一下吗”，并且会不自觉地想：“这要是到了野外肯定活不下去吧。”

在这种有关猫科动物狩猎的纪录片里，还有没有播出的后续。那只看似逃脱的黑斑羚，最终很可能成了猎豹的腹中餐。

猫科动物的爪子和牙都有削弱对手战力的能力。因此，即使当时侥幸逃掉，黑斑羚也会因为伤口化脓而变得虚弱。

于是，猎豹会利用下次机会再次袭击虚弱的黑斑羚，以此来进行捕猎。因此，即使不能当场将其抓住，只要能伤到它，就已经完成了狩猎的第一阶段——“这不是挺好的吗？”即使不完美，但只要有一点点成功就 OK 了。

顺便说一下，如果不小心被猫抓伤，一定要妥善处理伤口。由于猫爪和牙齿所具有的特性可能会使人患上“猫抓病”之类容易化脓的病，而且还很容易留疤，因此一定要注意。

乍一看似乎失败了的猎豹，其实已经为下次的狩猎成功做好了准备。表面上的失败实际上是下次成功的基石。这就是猫教给我们的事情。

猫的知识 13：

“猫在被炉上缩成一团”是真的吗

“一下雪，猫就会在被炉上缩成一团……”就像歌里唱的那样，从原始森林或沙漠中进化而来的猫儿们的抗寒能力很差。有不少猫咪一到冬天就浑身不舒服。它们最常见的身体不适是感冒，而且很多猫会因为感冒而食欲不振，身体变得很虚弱。所以，冬天的时候，最好给猫咪准备两个窝，以便它们根据身体状况选择。除了平时的窝，可以在暖气旁边再准备一张床。

对冬季的寒冷特别不耐受的是阿比西尼亚猫和暹罗猫等短毛猫。大致来说，身体小、毛短的物种对寒冷的抵抗力普遍较弱。

例如，北极熊的体型是从热带地区进化而来的马来熊的两倍，从寒冷地区进化而来的动物体型就大，而从温暖地区进化而来的体型就较小。这可以用“贝格曼定律”这一物理定律来进行说明。

身体越小，相对于体重的表面积就越大。例如相同质量的砂糖粉和方糖。砂糖粉的溶解速度快得惊人，就是因为它的表面积大，与水接触的面也大。同样，体型小的动物每千克体重的表面积也更大，以便释放体内的热量。所以从热带进化的动物真的会在被炉上缩成一团吗？另一方面，从寒冷地区进化而来的动物体型大，皮肤的表面积相对较小，可以防止热量从身体里散发。

猫也是一样的，缅因猫和挪威森林猫等从寒冷地区进化而来的猫大多是大型猫，都有着难以散热的特征。

尽管日本猫抵御冬天的能力也不怎么强，不过与热带原产的猫相比，它们身体上有更多的脂肪，所以还可以勉强撑过去。像是串串那种无法明确判断品种的猫，就要考虑到它们可能携带小型短毛猫的基因，抗寒能力不一定好，所以最好还是为它们准备一个温暖的窝吧。

只要能舒舒服服地度过冬天就能健康长寿的猫多得惊人。

现在，就这一刻，
全力投球。

将来是现在的积累：猫要看瞬间爆发力

人：我对于未来感到很不安，我就这样生活下去真的好吗？

猫：现在必须要做的事不是担心未来，而是珍惜这个瞬间，喵——

喵得乐老师的话

猫是以爆发力为主的动物，持久力即使是训练也无法掌握。因此它们总是当下就决出胜负！也正因如此，猫的决断和执行都非常迅速。猫活在“这一瞬间”。

学生时代，很多人都讨厌在冬天进行耐力跑和马拉松练习。其实这种冬季跑步是有医学效果的。在天气还很冷的时候，如果坚持跑步，身体中会产生一种叫作“热休克蛋白”的蛋白质。这种蛋白质具有在炎热等压力下保护身体细胞的作用。因此，冬天的跑步可以在半年后保护身体免受盛夏的炎热。运动员都了解这样的身体机能，所以会在冬天认真地跑步。

除了人类，狗也会分泌这种蛋白质。因此，如果你的爱犬在夏天容易体虚，那我建议你让它在冬天多跑一跑。

人和狗可以通过这种方式锻炼自己的持久力，而猫却做不到。猫科动物从上古时代开始，就以爆发力为武器活着。因为猫科动物根本无法锻炼持久力。

就算是猫科动物中最擅长奔跑的猎豹，跑十几秒也是极限。猎豹开始奔跑 2 秒后，时速能达到 75 千米。在这短短的 2 秒钟内，猎豹的呼吸次数从每分钟 60 次增加到 150 次，身体产生的热量增加了 5 倍。当猎豹的体温上升到 40.5℃时，速度可以达到每小时 100 千米。

没错，猫科动物跑得越快，身体负担就越大，所以它们完全不适应追赶猎物。说得极端一点，就是它们“跳起来所消耗的体能已经很多很多了”。

以第 145 页的猎豹捕猎为例，其实并非“眼看就要追上却放弃了”，而是它们的身体已经无法支撑再往前奔跑了。所以这当然不是有没有毅力的问题，而是体温已经上升到了极限，确切地说是肌肉种类的问题。

在谈论猫科动物肌肉的话题之前，我想绕个圈子，先讲一点有关鱼的话题。鱼类中有比目鱼和鲷鱼之类的“白身鱼”，也有金枪鱼、秋刀鱼和沙丁鱼等“红身鱼”。实际上，这两种类型的鱼不仅仅是肉质颜色不同，它们的特性也完全不同。

白身鱼一般会单独行动，在食物链中居于其他鱼的上位，换言之就是捕猎者、猎人。而捕猎时的瞬间爆发力比什么都重要，所以捕猎之外的时刻它们就待在沙子里休息。这种重视爆发力的白身鱼所拥有的肌肉被称为“白肌（速肌）”。也正因肌肉是白色的，所以它们被叫作白身鱼。

另一方面，红身鱼具有持久力，可以一直在水里游。它们中也有像金枪鱼那样不一直游泳就会无法呼吸进而死去的类型。这种重视持久力的红身鱼所拥有的肌肉被称为“红肌（迟肌）”。

在大海中，我们很容易就能分辨出白身鱼和红身鱼。拿奥运会选手来类比的话，白身鱼就是百米跑的选手，红身鱼就是马拉松选手——我们可以清楚明了地分辨出短距离型和长距离型选手。

那么，在了解了这两种肌肉后，让我们回到猫的身体上吧。

前面已经说过，猫科动物在食物链中居于上位。守住这一地位最重要的就是捕猎时的“瞬间爆发力”。猫科动物的肌肉全都是被称为“白肌”的瞬发型肌肉。

有时在家里和猫玩耍，想着它应该会猛扑一下的时候，它却突然一沉就那么跑了。看到猫这副模样，有人可能会说：“太容易放弃了吧”“怎么这么随心所欲”。但这其实不是由猫的性格导致的，而是因为它们肌肉的性质——根本不具备长时间玩闹的持久力。

人类对猫性格的整体印象，很大程度上是因为猫这样的身体构造。从猫的视角来看，明明是自己的身体构造导致自己做出这样的举动，却要被人“指指点点”“说三道四”。它们也应该会说：“真烦人。”

并且，前文讲述的能让小伤口也容易化脓的利爪（详见第146页），实际上也被认为是为了弥补身体持久力不足而进化来的。猫儿们最大限度地利用自己的白肌来生存。下次再和它们一同玩耍的时候，请不要再责备它们的过早放弃，而是表扬它们的爆发力吧。这样一起玩耍应该会比以前快乐得多。

顺便说一下，据说人的身体同时具有白肌和红肌两种肌肉。而且，我们知道，通过锻炼，我们可以形成兼具白肌属性和红肌属性的粉红色肌肉。准确地说，肌肉分为白肌（速肌类型Ⅱa、Ⅱb）和红肌（迟肌类型Ⅰ），Ⅱa和红肌有着类似的持久力机能。白肌和红肌的基本比例受遗传决定，但通过努力（持久锻炼），白肌Ⅱb会向Ⅱa转化，而且肌肉也可能会变得更强壮。

从这一点来看，人类不仅是大脑，肌肉也具有通过学习和努力来改变的特性。因此，比起珍惜“现在”“此刻”，对未来的担心或许没什么必要。不去想着如何提升现在，而是一直想象未来会有种种不好，岂不是浪费时光？

未来就是由“此刻”创造的。感到不安的时候，试着想想猫儿们活在当下的生活方式吧。

猫的知识 14：

猫科动物的王者之战

提起“动物之王”，你会想起什么呢？

大家脑海里浮现的一定是狮子吧？随风而动的金色鬃毛，健硕的体魄，还有回荡在整个草原的狮吼。“百兽之王”实至名归。

特别是带领族群的雄狮那威风凛凛的身姿，既体现了领袖风范，又象征着强大。

但实际上，狮子在猫科动物中绝算不上最强王者。不仅如此，从动物的进化过程来看，你会发现它们的“位分”还排在家猫之下。这究竟是怎么回事呢？

居住在热带雨林的是胜者，居住在草原的是败者

大约 4000 万年前，非洲大陆一直被热带雨林覆盖。但是由于气候的急剧变化，森林逐渐变成了草原。相比之下，原始森林里有大量可以为食的动物，而草原上的猎物数量要少得多。

自然界本就是弱肉强食的世界。如果更强大的胜利者赢得了条件更好的土地（安全且食物多的地方），那么失败者就只能被赶到环境更恶劣的地方生活。肉食动物与肉食动物之间，

草食动物与草食动物之间都是如此，为了保证自己的生存环境不停争斗着。因此，强者留在热带雨林里，而弱者被驱逐到草原上。动物们被迫进行生存竞争，最终形成了如今的生态环境。因此，比起生活在草原的狮子，如今生活在热带雨林的老虎和豹子的江湖地位要更高。

独居的是强者，群居的是弱者

狮子是猫科动物中罕见的成群狩猎的动物。狮子的祖先本来也和其他猫科动物一样是独居动物，只不过后来在草原的广阔环境下，为了保证捕猎的成功率以及自身的安全，才演化成了群居动物。

不客气地说，狮子们是无法独自在草原上生活的，因此它们选择了群居。《狮子王》是人类创作出的神话故事，现实世界里的狮子并不是具备压倒性优势的强者。

话虽如此，狮子的适应能力还是惊人的。猫科动物基本都是单独行动，但狮子却能演化成唯一具有明确社会体系的猫科动物，而且适应了这种生存模式。凭借这种适应能力，狮子不仅能在草原上生存，还能在干燥林、灌木丛以及沙漠中生存。

除此之外，还有一部分狮子生活在非洲和亚洲的森林里。生活在森林里的狮子是独自生活的。人类本能地认为狮子是最强王者，也许是对它的这种适应能力怀有敬意吧。

狩猎更有效率的动物居上位

肉食动物的狩猎大概分为两种模式。

一种是先抓伤或咬伤猎物身上某个部位，使其变弱后再抓住它。狮子、老虎等猫科动物，还有狼都采用的是这种方法。例如，咬猎物的喉咙，或者重击它们的屁股，使其无力还击或逃跑，然后等着它们咽气。在采用这种方法时，群体袭击有很大的优势。因为猎杀大型草食动物时自己也是会有危险的，并且如果对方受的伤太轻也可能会逃跑。

使用这种模式的还有利比亚山猫。它们在袭击鸡之类的动物时也会反复咬伤或抓伤猎物，直到抓到为止。

另一种模式是破坏猎物的神经，使其神经麻痹而毙命。使用这种模式时，它们需要瞄准猎物脖子后的第二节颈椎，扑咬的瞬间用牙齿狠狠咬下去。这样一来，就能麻痹贯穿其中的神经，即使是大型动物也会完全动弹不得。据我所知，能够进行这种极其高效狩猎的只有猎豹等一部分猫科动物。

猫科动物在袭击草食动物时，如果想一击即杀，一定会采用第二种模式。在“单独进行高效狩猎”这一维度上，可以说猎豹无出其右。

猎豹的狩猎能力，对人类来说并不是什么新奇的事。正如我在第 4 页中讲到的，仅仅是一只猎豹就能惊吓到人类，这一点从古至今都没改变过。猎豹的隐藏能力和袭击对手时的敏捷性都是超群的，我们人类即使手里有枪也不一定能战胜它们。

而且，猎豹还有“喜欢的东西就要吃个不停”的癖好，所以一旦它们喜欢上人类的味道就会一次又一次地袭击人类。这太恐怖了！但大部分猎豹都很聪明，不仅不会伤害人类，还会和人类和平共处。因此，它们很有可能成为濒临灭绝的猫科动物中生存到最后的物种。

就像我所说的，猫科动物即使是单兵作战也能力惊人。跟大大小小、种类各异的狗相比，人类所饲养的宠物猫的大小都差不多，没有体型太大的。这恐怕是因为体型太大的话，人类就无法控制了。

重要的是，如何解决
“没有正解的问题”。

找不到『正解』就不安：猫的尊严与感情

人：生病、受伤还有钱的问题……面对未来总是无来由地担心。

猫：对于无来由的担心是没有正解的，喵——

喵得乐老师的话

面对“对方到底看重什么”、思考找不到正解的问题时，有一种方法格外有用。我们要学会阿德勒所说的“尊重”的思维方式（即真实地看待对方）。

“我家的猫生病了！我该怎么办？”

在从事与动物相关的工作时，我时常会听到这样的话。特别是遇到疑难杂症（肝或肾功能不全之类）时，我也会苦恼到底该不该治疗。

如果有可能治好的话，有人会觉得无论如何都要治疗；相反，如果治疗会给猫咪带来很大痛苦的话，有人就会觉得不治才是爱的表现。

而且最重要的是，治疗需要花费金钱和时间。每只猫的状态都不一样，每个家庭的状况也不一样。不能一概而论地说怎样做比较好。

但是，对于大多数猫来说很重要的事情，对人来说却并非如此。关于这一点，我是在对很多猫的临床治疗中渐渐明白的。

那么，在这里，让我来告诉大家“对猫来说很重要的事情”吧。

大部分猫都很重视以下两点。

自己的尊严

猫科动物的尊严和高贵是在恐龙灭绝后，战胜恐鸟（肉食的巨鸟）成为陆上霸主的 3000 万年中培养出来的物种特征。

爱（来自主人的爱和对主人的爱）

猫对“家人”和自己认可的对象，会倾注非常深的爱，而且还会寻求对方的爱。例如，在网络视频中，很多人都看到过家里养的猫击退攻击孩子的大型犬。

这就是猫对主人深厚感情的表现。不管是哪只猫，都饱含这种深厚的感情。

这两件事对猫来说非常重要，可以说比生命都重要。因此，我对猫主人们一直传达的都是：对于疑难杂症，比起贸然咨询是采用化学疗法还是做手术，更重要的是与它们一起度过余下的时光。我认为它们最想要的，就是与自己最爱的主人“厮守”，一起有尊严地度过余生。

散养的猫（区域猫）在觉察自己死期将至的时候会躲起来，它们不想让人看到自己快要死亡、痛苦的样子。因为如果要治疗的话，它们就得忍受在医院里插着管子，奄奄一息地任人（还不是主人）摆弄。这对于高贵的猫来说，应该比死还要痛苦。

不过做出“不治疗”的选择对猫主人来说应该是件更痛苦的事。但是，比起主人们的自我满足，如果能客观地看待猫的生命，对猫这个与自己不同的物种怀有敬意的话，想法或许会改变。

在猫临终之前，为了让它们的猫生完整，我认为要多花一些时间对它们表达“我很爱你”和“谢谢你”。

话说回来，我认为这对猫来说最重要的两件事，对很多人来说也很重要。

人的尊严建立的基础虽然各不相同，但整体来说包括独立、社会地位、金钱等，还有来自他人的爱，以及对他人的爱。

真正痛苦的时候，如果有可以信赖的朋友在身边，或者有心爱的猫在身边，仅仅是这样，就会使心理的负担减轻一些。尊严固然重要，但我觉得如今对有些人来说，社会层面和金钱层面的东西被看得过于重要了，稍微重视一下感情会更好。

没关系。
我陪着你。

猫的知识 15：

为了维护猫的尊严的请求

猫生病的时候，怎样做才能维护它们的尊严呢？

咨询值得信赖的兽医

生病的时候，主人和猫都会很不安，因此要选择一个值得信赖的兽医。不要光看评分或人气，要选择那些生活中有接触的、人品好的兽医。

猫会得的疑难杂症有哪些

在猫容易得的疑难杂症里，最具代表性的是肾功能不全。这是泌尿系统疾病中的第一大致命疾病，是治不好的。

而且，猫的癌症会恶化得非常快。因为恶性程度高，治愈的希望很渺茫。遗憾的是，使用抗癌剂等治疗无效的情况非常多。一旦被确诊为癌症，猫的寿命大多只剩下三个月左右，此时最好做好心理准备。在这种情况下，那些自己也养了很多只猫的兽医之所以建议“放弃治疗”，就是因为这个原因。

在发现癌症之后，很多人或许会后悔：“真的治不好吗”“早知道会这样，当初……”但是，比起这些，更重要的是珍惜最后相处的时光。猫自己也能感受到死期将至，所以也会担心自己心爱的主人。那个时候，请认真地接受猫投向你的感情。

另外，最能体现猫的尊严的是“死亡之际”。你听说过“猫会躲起来死”的故事吗？很多猫真的会找一个不被人看见的地方，悄无声息地死去。猫在意识到自己死期将至时，就会决定要怎么死。

由于它们会自己选择死亡场所，因此有时也会选择死在主人的怀抱里。这是我朋友的故事，在她上小学的时候，她养的猫突然央求她妈妈抱它。她妈妈一边说着“真拿你没办法啊”，一边抱起它，但抱起之后那只猫就突然死了。

后来，她结了婚，养了“福福”和“岛尾”两只公猫，但不久福福得了癌症，而且越来越严重。后来有一天，她因为有事无论如何都要出门。她一路祈祷着“千万不要在我不在的时候死啊”，等她赶回家，发现福福虽然已经快不行了，但还强撑着一口气。就在她轻轻抱着福福时，电话突然响了。当她条件反射地想要拿起电话时，福福突然咬住了她的胳膊。在福福看来，“我一直在等你，你这会儿就不要接什么电话了！”据说她一边大哭，一边就那样一直抱着福福，直到福福的眼睛失去了光泽。像这样的故事，我经常听到。

猫不仅会选择自己的生活方式，连死法也是自己选择的。

关于猫知识的索引①

猫和人类关系的形成

性格

能力

① 不止一页的部分标注的是那个部分的起始页。

饲养方法

饮食

身体

疾病

习性

进化和灭绝

与兽医、宠物店的相处方式

结语

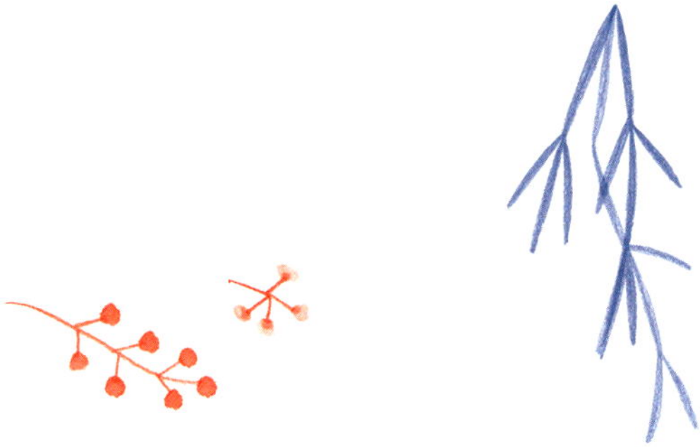

整本书写到这里，我的目标都是“将阿德勒心理学或最新的心理学知识应用到实际生活中”。在很多情况下，比起绞尽脑汁地去思考，不如去观察那些与人类拥有不同优点的猫猫，抱抱它们并向它们学习，这样做既简单又有效。总而言之，希望这本书能在你疲惫不堪或为人际关系而烦恼的时候，发挥一些作用。

本书将阿德勒心理学和受其影响而发展起来的心理疗法通过“喵得乐老师的话”体现出来。如果你通过本书对心理学产生了兴趣，可以去看看阿德勒心理学的专业书籍，或者去了解在阿德勒之后出现的各种心理疗法，如认知行为疗法、埃利斯的理性情绪疗法、伯恩的沟通分析疗法、马斯洛的人本主义心理学、塞利格曼的积极心理学及萨提亚的家庭疗法等。

不过，阿德勒心理学中最重要的，也是最容易引发争议的观点是“共同体感觉”。看了本书后，有人可能会觉得：“作为不群居生活的肉食动物，猫怎么会有这种感觉呢？”但是，在我看来，猫也具有共同体感觉。有一些证据很容易理解，比如同一区域的猫儿们会举行集会等。从地球层面来看，猫儿们也是“地球生态系统”这个共同体的成员，肩负着保护生态环境（森林、草原等）免受草食动物侵害的重要职责。虽然这是一个与心理学无关的生态系统的视角，但是通过这个视角，我们可以感受到心理学中的共同体感觉并不是空想，而是现实的、科学的。

人类现在可以选择是否在地球层面实现自身的共同体感觉。我们可以将地球生态系统纳入我们的社会，以实现个人永久的、健全的幸福为目标，培育更好的生态系统——共同体感觉。这与人类长期的繁荣密不可分。

这本书的写作动机源于四年前对爱猫人士、在宠物保护问题上有很高造诣的黑坂真由子的一次采访。并且，如果没有文响社的宫本纱织女士尽职尽责地编辑，这本书就不会问世。因为正是她提出了将笼罩在神秘面纱下的猫的生态与阿德勒心理学的共通性进行类比的大胆提案。也就是说，这本书是两个人共同努力的结果。而且，百闻不如一见。猫和阿德勒心理学的共同之处由本书中多次登场的三只猫——小空、艾米莉和可露丽用几句话来传达。再次感谢三只小可爱的主人 Riepoyonn。

幸运的是，在我们的身边都存在着阿德勒（喵得乐）。当我们需要活下去的勇气或启示时，请认真凝视它们的眼眸，一定会有所启发，得到力量。

小空：男生，4 岁，保护猫，温柔又稳重的猫哥哥，特长是翻跟头。

艾米莉：女生，1 岁，保护猫，和可露丽是双胞胎，端庄又善解人意，特长是高空跳跃。

可露丽：男生，1 岁，保护猫，超级撒娇鬼，自我中心，特长是舔大家。

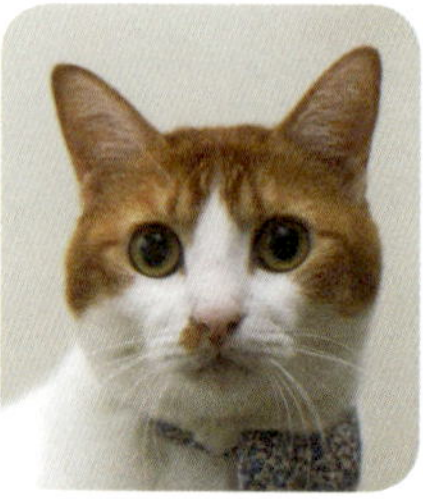

译者后记

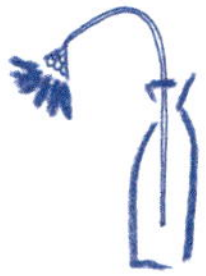

首先，拿到这本书时，我最大的感受是新颖。本书的两大模块：正文的心理学知识和猫的知识可以说同时满足了来寻求心灵慰藉的人和纯粹想要更了解猫的人。甚至最后还专门设有一个关于猫知识的索引，便于各位爱猫人士尽情翻阅。宿南章老师可谓用心良苦。

这是一本很轻松、很生活化的书。书中谈到的很多事情和烦恼，大家或多或少都会产生共鸣。作者谈论的一些解决方法相信也会打开大家的思路。其实在此之前，我对阿德勒心理学的了解只停留在某些名词（如“自卑情结”）的层面上。但在译到一半时，我已经对他的心理学理论产生了极大的兴趣，没想到在书的结语里，宿南章老师还推荐了一些值得学习的心理学理论，那一瞬间感觉自己的小心思似乎被人猜中了。

译着译着，我也发现人类的烦恼似乎无关国界，无关人种，有很多相似性。不管是对于人际交往的苦恼，还是对于工作、对于感情的苦恼……我发现，原来世界上，并非只有我一个人因这些事情而痛苦，原来我们所有人都不是一个人。了解到这些，是不是也可以治愈你呢？

那么我们再回到猫的话题。我相信每一个爱猫人士都不会不喜欢这本书。有猫的朋友一定会更爱你的猫，或者说更了解你的猫。而那些一直观望、犹豫要不要养猫的朋友，也会为自己做出最后的决定。

因为，宿南章老师对于猫儿们实在是太了解了。在翻译的过程中，我多次想到自己曾经养过的猫，想起我对它的误解还有我做出的一些令它讨厌的行为，深感自己“真可恶”。我也不自觉地想到，做宿南章老师的猫应该是件很幸福的事吧。猫的喜怒哀乐、猫的“懒惰”、猫的感情……所有这些你都可以从书中深入地了解到。此外，这本书还对大家一直以来对猫的误解进行了澄清，它们也终于能够洗清“冤屈”了。

想必很多人包括我自己都如书中所写的那样，会不自觉地羡慕猫。确实，猫儿们不用学习、不用工作，每天的任务好像只有吃喝玩乐睡。每天都懒懒散散的却还是能受到那么多人的喜欢。那么，既然我们都羡慕猫，又都喜欢猫，不如一起来读一下这本书，看看我们究竟能从猫身上学到些什么，最终怎么去改变自己，让自己成为更好的人。

本书译完，我的心是温暖而满足的。希望看完此书的你，也能感受到我和宿南章老师一同想为大家带来的暖意。

图书在版编目（CIP）数据

喵得乐：向猫主子讨教生活哲理 /（日）宿南章著；唐一鸣译. -- 北京：中国人民大学出版社，2021.4
ISBN 978-7-300-29196-3

Ⅰ. ①喵… Ⅱ. ①宿… ②唐… Ⅲ. ①人生哲学－通俗读物 Ⅳ. ①B821-49

中国版本图书馆CIP数据核字(2021)第055208号

喵得乐：向猫主子讨教生活哲理

[日]宿南章　著

唐一鸣　译

Miaodele : Xiang Maozhuzi Taojiao Shenghuo Zheli

出版发行	中国人民大学出版社		
社　　址	北京中关村大街 31 号	**邮政编码**	100080
电　　话	010-62511242（总编室）		010-62511770（质管部）
	010-82501766（邮购部）		010-62514148（门市部）
	010-62515195（发行公司）		010-62515275（盗版举报）
网　　址	http://www.crup.com.cn		
经　　销	新华书店		
印　　刷	北京联兴盛业印刷股份有限公司		
规　　格	130mm×185mm　32 开本	**版　　次**	2021 年 4 月第 1 版
印　　张	6.375　插页 1	**印　　次**	2021 年 4 月第 1 次印刷
字　　数	80 000	**定　　价**	85.00 元

版权所有　　侵权必究　　印装差错　　负责调换

NYANTO KANTANNI MINITSUKU! KOKORO GA YASUMARU" ADLER SHUNRIGAKU" by Akira Shukunami

Copyright© Akira Shukunami 2019

Original Japanese edition published by Bunkyosha Co., Ltd.

All rights reserved

Chinese (in simplified character only) translation copyright © 2021 by China Renmin University Press Co. Ltd.

Chinese (in simplified character only) translation rights arranged with Bunkyosha Co., Ltd. through Bardon-Chinese Media Agency, Taipei.

本书中文简体字版由文響社通过博达授权中国人民大学出版社在中华人民共和国境内（不包括香港特别行政区、澳门特别行政区和台湾地区）独家出版发行。未经出版者书面许可，不得以任何形式复制或抄袭本书的任何部分。

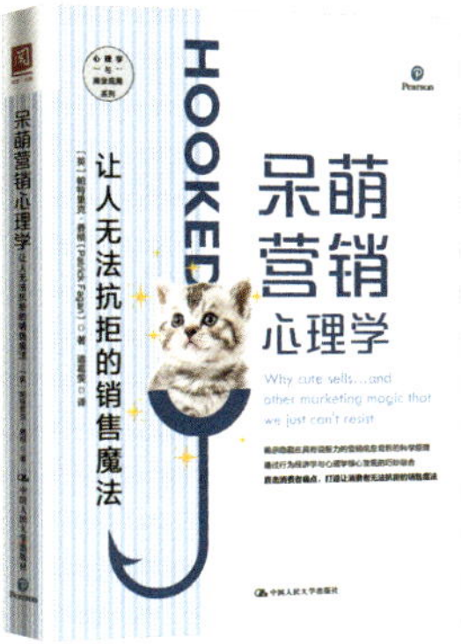

《呆萌营销心理学：让人无法抗拒的销售魔法》

- 揭示隐藏在具有说服力的营销信息背后的科学原理。
- 通过行为经济学与心理学核心发现的巧妙融合。
- 直击消费者痛点，打造让消费者无法抗拒的销售魔法。

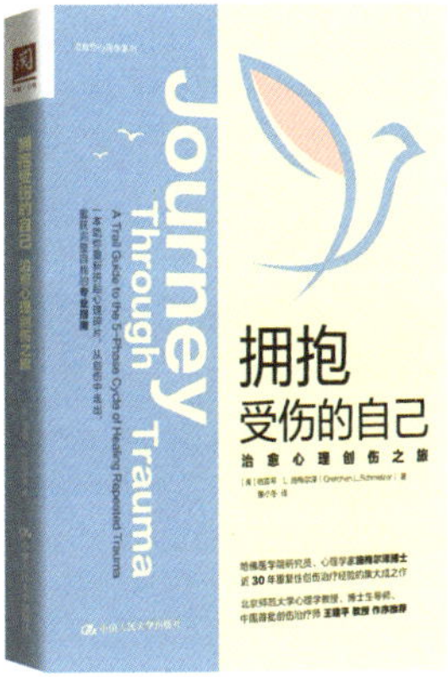

《拥抱受伤的自己：治愈心理创伤之旅》

- 一本助你重新拼起心理碎片，从创伤中走出，重获完整自我的专业指南。
- 哈佛医学院研究员、心理学家施梅尔泽博士近 30 年重复性创伤治疗经验的集大成之作。
- 北京师范大学心理学教授、博士生导师、中国首批创伤治疗师王建平教授作序推荐。

北京阅想时代文化发展有限责任公司为中国人民大学出版社有限公司下属的商业新知事业部，致力于经管类优秀出版物（外版书为主）的策划及出版，主要涉及经济管理、金融、投资理财、心理学、成功励志、生活等出版领域，下设“阅想·商业”“阅想·财富”“阅想·新知”“阅想·心理”“阅想·生活”以及“阅想·人文”等多条产品线，致力于为国内商业人士提供涵盖先进、前沿的管理理念和思想的专业类图书和趋势类图书，同时也为满足商业人士的内心诉求，打造一系列提倡心理和生活健康的心理学图书和生活管理类图书。

《人性实验：改变社会心理学的28项研究（第2版）》

- 人性真的经得起实验和检验吗？
- 一本洞察人性、反思自我、思考社会现象的醍醐灌顶之作。
- 影响和改变了无数人的行为和社会认知的28项社会心理学经典研究。